U0238973

中国文化四季

马新 主编

衣冠楚楚

中国传统服饰文化

吴欣 著

山东大学出版社

山东省中华优秀传统文化传承发展工程重点项目
中华优秀传统文化传承书系

课题组负责人

马　新

课题组成员

（以姓氏笔画为序）

马丽娅	王文清	王玉喜	王红莲
王思萍	巩宝平	刘娅萍	齐廉允
李仲信	李沈阳	吴　欣	宋述林
陈树淑	陈新岗	张　森	金洪霞
赵建民	贾艳红	徐思民	郭　浩
郭海燕	董莉莉	韩仲秋	谭景玉

中国传统文化是中国历史发展中物质文化与精神文化的结晶，也是人类文明史上唯一没有中断的独具特色的文化体系，是中国历史带给当今中国与世界的文化遗产。

早在遥远的旧石器时代，我们的先民为了生存，打制着各式各样的石器，也击打出最初的文化的火花。随着新石器时代的到来，以农业生产为前提的农业文明发生了，我们的先民筚路蓝缕，耕耘着文明的处女地，孕育着中国文化的萌芽，绚烂多姿的彩陶文化与精致绝伦的玉石文化是这一时代的文化地标，原始宗教与信仰、语言、审美及创世神话也纷纷出现。

进入文明的门槛后，先民们开始了艰辛的文化积淀。商周时代的礼乐文明与青铜文化代表了这一时代的杰出成就，甲骨文与金文则成为这一时代的文化符号。至春秋战国，中国文化史上的"寒武纪大爆发"开始了，无论是物质文化，还是精神文化，都进入一个创造和迸发的时代：这一时代，出现了"百家争鸣"，从孔子、老子、墨子到孙子、孟子、庄子等贤哲，无一不在纵横捭阖，挥斥方遒，发散出理性的光芒。这一时代，出现了《诗经》《楚辞》，还出现了《左传》与《国语》以及不可胜数的人文经典。这一时代，又是科学与技术的辉煌时代，铁器与牛耕技术的出现，奠定了此后 2000 多年中国农耕文明的基础；扁鹊的医术与《黄帝内经》的理论，成为中医药文化的基石；墨子、鲁班、甘德、石申，启迪了我们的科学探索，民间无数的工匠们在纺织织造、建筑交通以及各种手工工艺上都进行了卓越的创造。春秋战国时代既是中国文化的启蒙时代，也是中国文化的奠基时代。

随着秦汉时代的到来，海内为一，中国文化进入凝炼时代，形成了大一统的文化特色。这一时代，不仅有了大规模的驰道、长城以及宫殿的兴建，还有了统一的度量衡与文字；这一时代，不仅牛耕技术继续向全国推进，还有了精耕细作技术，使其成为中国农耕文化的首要特征；这一时代，不仅有"独尊儒术"与经学的繁荣，也有汉大赋的飞扬与汉乐府的古朴；这一时代，商品贸易"周流天下"，工商政策与商业理论富有特色，全社会在衣、食、住、行方面的水平明显提高。生活的精致化与生活水平的不断提高，使得 20 世纪的权威史学家汤因比也动了想去中国汉代生活的念头。

魏晋南北朝与隋唐时代，是中国文化史上的交融与繁荣时代，周边游牧民族文化的涌入，西部世界的宗教文化及其他各种文化的东来，使这一时代形成了空前的中西文化碰撞与冲击。在此后到隋唐时代的融合发展中，实现了文化的大繁荣。道教虽产生于汉代，但其发展与传播则是在魏晋南北朝与隋唐时代；佛教也是在汉代传入，它的发展与繁荣同样是在魏晋南北朝与隋唐时代。这一时代，玄学与禅宗是思想史上的两大硕果，书法、绘画、雕塑以及音乐、舞蹈方面，更是群星闪耀，唐诗的地位在文学史上是无可替代的，唐三彩的艺术魅力同样穿越千古。这一时期的农耕文化、工商文化以及其他各文化形态也都取得了长足的发展，特别是中外文化交流之活跃、之丰富，使中国文化与外部世界的文化产生了有力互动，隋唐长安城是当时世界文明的中心所在。

宋元明清时代是中国文化的扩展时代。随着文明的进步与文化手段的变化，随着市民社会的兴起与社会结构的变化，面向民间、面向市民与普通民众的文化形态迅速扩展。宋明理学的主旨是给民众套上牢牢的精神枷锁,但是与汉代经学相比,它也是儒学民间化的一种体现。从宋词到元曲,从"三言二拍"到话本小说,再到戏剧的兴起和四大文学名著的问世,无不体现着这一特色。这一时代,既有明末清初试图开启民智的三大启蒙思想家,又有直接面向社会生产与社会生活的《天工开物》《本草纲目》以及《农政全书》。这一时代,中国文化在积淀着中国文明丰厚底蕴的同时,也在准备着自己的转身,准备着与新文化的拥抱。

从中国文化的发展可以看出,其历史之悠久、内容之丰富、价值之巨大,可谓蔚为大观,令人叹服。在新的历史时期,把握与了解这些渐行渐远的文化宝藏,并将其传承给青年一代,是摆在我们面前的世纪难题。

自20世纪80年代以来,学术界与文化界一直在孜孜不倦地去破解与完成这一难题,为此付出了艰辛的努力,推出了一批又一批面向青少年群体的"中国传统文化"类读物或教材,可谓琳琅满目,数目繁多。毋庸置疑,文化学者们的这些努力,对于研究与普及中国传统文化发挥了重要作用。但是,若作为当今面向青少年群体的普及性著作还有若干不适应之处。比如,有的著作篇幅过大,往往动辄四五十万字甚至上百万字;有的著作理论性偏强,在理论性与知识性的结合上还不够;还有的著作对有关知识点的叙述不够均衡,轻重不一。更为重要的是,随着社会主义核心价值体系建设的推进,尤其是习近平总书记所提出的对中国传统文化的"四个讲清楚",对中国传统文化的研究和普及提出了更高的要求。为此,我们组织了10余所高校的相关研究人员,共同编写了这套适合当代青少年阅读的中国传统文化读物——《中国文化四季》,旨在为青少年提供一套富有时代特色的中国传统文化专题知识图书。

在编写过程中,我们深刻地感受到中国传统文化源远流长、博大精深,是中国文明5000年进程的辉煌结晶——既有筚路蓝缕的春耕,又有勤勤恳恳的夏耘;既有金色灿然的秋获,又有条理升华的冬藏。所以,我们以"中国文化四季"

作为总领，旨在体现 5000 年文明进展中最具代表性的精华篇章。在专题确定与内容安排上，也着重体现中国文化在春耕、夏耘、秋获、冬藏各个演进环节上的标志性成就。整套丛书由 16 册组成，包括：

《精耕细作：中国传统农耕文化》

《货殖列传：中国传统商贸文化》

《大匠良造：中国传统匠作文化》

《巧夺天工：中国传统工艺文化》

《衣冠楚楚：中国传统服饰文化》

《五味杂陈：中国传统饮食文化》

《雕梁画栋：中国传统建筑文化》

《周流天下：中国传统交通文化》

《人文荟萃：中国传统文学》

《神逸妙能：中国传统艺术》

《南腔北调：中国传统戏曲》

《兼容并包：中国传统信仰》

《天人之际：中国传统思想》

《格物致知：中国传统科技》

《传道授业：中国传统教育》

《止戈为武：中国传统兵学》

我们希望通过各专题的介绍，使读者既可以有选择地了解中国传统文化的有关知识，又可以全面地把握传统文化的基本构成。

为适应青少年的阅读需求，我们吸取了以往此类图书的优点，尽量避免其缺陷与不足。在全书的内容设计上，打破了传统的章节子目式的编排方式，每章之下设置专题，以分类叙述各门类知识；在写作时，尽量避免以往一些读物的"高深"与"生冷"现象，以叙述性文字为主，做到通俗、易懂、生动；另外，各册都精心配备了一些与各章内容相对应的中国传统文化图片等，做到了图文并茂。

需要说明的是，这套丛书作为"中华优秀传统文化传承书系"被纳入山东省"中华优秀传统文化传承发展工程"重点项目，得到中共山东省委宣传部和有关专家的大力支持与指导。为不负重托，我和20余位中青年学者共同合作，以对中国传统文化的挚爱为基点，精心施工，孜孜不倦，以打造一套中国传统文化的精品作为出发点和最终目的。全书首先由我提出编写主旨、编写体例与专题划分；各专题作者拟出编写大纲后，我对各册大纲进行修订、调整，把握各专题相关内容的平衡与交叉，以更好地体现中国传统文化的四季风情；然后交给各专题作者分头撰写初稿；初稿提交后，由我统一审稿、统稿、定稿，并补充与调整书内插图。这套丛书若能蒙读者朋友错爱，起到应有的作用，功在各位作者；若有缺失与不足之处，我当然不辞其咎。

我们由衷地希望通过全体作者的努力，使本书不再只是枯燥乏味的知识叙述，而是青少年真正的学习伙伴，让中国优秀传统文化能够浸润到每一个青少年的心灵深处。

马　新

2017 年 3 月于山大高阁书斋

目錄

概　述

第一章　冠冕章服

第二章　日常衣裳

概

述

衣冠服饰，是一个民族、国家生产力发展水平、文化特色的体现和象征。衣帽不仅是人们御寒保暖、防冷避热的工具，更是表达思想、展示礼仪、追求情趣的一种重要媒介。服饰既是一种现实存在，也反映了一种历史变化，它在人们追求实用价值与象征意蕴的过程中得以传承并发生着流变。柔软的布帛与坚硬的甲胄，飘飘的罗衣与绚烂的冠饰，都在守旧与创新、冲突与融合的矛盾中，叙说着空间与时间脉络中的和平与烽烟、日常与狂欢。

关于服饰的历史记录最早可追溯到黄帝轩辕时期。据《易·系辞》记载："黄帝垂衣裳而天下治。"在此之前的衣着之状正如《礼记·礼运》中所云："昔者先王未有宫室，未有丝麻，衣其羽皮。"又如《韩非子·五蠹》中所说："古者丈夫不耕，草木之实足食也；妇人不织，禽兽之皮足衣也。"上古早期，因受生产力发展水平低下的制约，人类的服装不过就是围系于下腹部的毛皮，以备御寒、遮羞、装饰之用。然而，正是这些简朴的原始服装的出现，拉开了中国服饰史辉煌的序幕。

从长时段来看，人类服饰的源起过程大致分为以下三个阶段：

第一阶段是裸态生活阶段。这一时期距今 400 万～300 万年，即灵长类逐渐分化出最早的人类——猿人的时期。与其他哺乳类动物一样，猿人依靠自身的皮毛和热血取暖。

第二阶段是原始衣物阶段。这一阶段又可分为草裙阶段和兽皮阶段两个时期。草裙阶段大约相当于旧石器时代的中晚期，距今二三十万年至 10 万年。在这一时期，人类以采集植物的果实与种子为主要的生存方式。为了便于采撷植物，原始人类采取了直立行走的方式，大大解放了前肢，使其变为双手，不过，这样做同时也将身体上比较脆弱、敏感的部位暴露于外，于是人们用草叶和树枝捆扎在腰间以为裙，来保护身体。至兽皮阶段，狩猎成为生活常态。人类出于仿生的好奇，常将猎获的兽皮披在身上。随着人类狩猎能力的增强，大型动物不断被猎获，其骨头被磨成了骨针，人类也因大量摄入动物蛋白而有了更大的

脑容量，最初的缝纫技术随之诞生，兽皮装开始出现。

　　第三阶段是纤维织物阶段。这一阶段在新石器时代，距今约 1 万至 2000 年，人们开始制造并使用纤维来制作衣服。1854 年，在瑞士湖底发现了距今约 1 万年的亚麻布残片，这是世界上最古老的亚麻织物。土耳其也发现了距今 8000 年的毛织物残片，它的经纬度、密度与今天的粗纺毛织物相同。这说明当时的纺织技术已很发达。中国考古学者也在距今 8000 多年的河南新郑裴李岗文化遗址中发现陶器上有大量的绳纹印痕。河南密县莪沟遗址、舞阳贾湖遗址等考古发掘中也出土了陶纺轮。其后的仰韶文化时期，陶纺轮、石纺轮更加普遍，陕西省临潼区城北姜寨遗址中就曾发现过底端有布纹印的陶器。从目前考古发掘材料来看，当时的人们已经会纺线（或者称"捻线"）了。

　　关于衣服的发明，《淮南子·氾论训》有"伯余之初作衣也，绞麻索缕，经指挂，其成犹网罗"的说法。伯余是民间传说中的黄帝之臣，是旧时纺织业中机户所崇拜的行业神。黄帝处在仰韶文化晚期，从纺织技术角度来看，虽然这一时期尚没有真正形成后世的"章服衣裳"，但这一说法至少表明，该时期大概已经出现了"分贵贱"的服制。正如东汉王逸在《机赋说》中所言："古者衣皮即服制也。特衣裳未辨。羲炎以来裳衣已分。至黄帝而衮章等衰大立非谓始衣服也。"[1]这段记述大致描绘了衣服形成的过程：上古时代，人们所围披的皮毛就是衣服；从伏羲氏和神农氏起，衣、裳开始分开；到黄帝时期，礼服出现，衣服制度正式开始形成。

　　衣服为何会产生，或者说服饰产生的原始动力是什么？古今中外，人们的认识各不相同，大体来说，有"御寒说""遮羞说""炫耀说"等几种流行的观点。其中，"御寒说"最为人们所普遍认同。这一说法认为，衣服是人类为了防避严寒而制作出来的。汉代刘向《释名·释衣服》言："衣，依也，人所以避寒暑也。"

---

① （清）陈梦雷：《古今图书集成》第 73 册《礼仪典》，中华书局影印本，第 88737 页。

美国服装史论专家玛里琳·霍恩也认为："最早的衣服也许是从抵御严寒的需要中发展出来的。"①原始居民面临着生产力低下、生存环境恶劣等一系列情况，在战胜自然的能力相对较弱的情况下，适应自然的本能就显得突出一些，衣服为满足本能需求而产生。

"遮羞说"是基督教世界对服饰起源的一种流行说法。这种说法源自《圣经》。其记曰：偷吃了智慧果的亚当和夏娃，忽然觉悟到自己赤身露体不雅，便用无花果树的叶子编成裙子来遮盖身体。但社会心理学的研究却表明，对裸体的羞耻感并不是与生俱来的，幼童从裸体运动中获得的快感比羞耻感更原始，且对于人类应该遮盖哪个部位、以何种方式遮盖，在不同的种族和文化背景下有不同的认可。所以，由身体暴露而产生的羞耻感可能不是服饰产生的原因，而是其产生后的一种结果。②

"炫耀说"最早是由德国人类学家施赖贝尔博士提出的。他认为，人类羞耻心的诞生最初源于一种炫耀的表现③。妓女用装饰来掩盖身体的敏感部位，随后众人群起仿效。故而英国社会学家赫伯特·斯宾塞说："服饰最初只是一个象征性的东西，穿着者试图通过它引起人们的赞誉。"④

事实上，综合来看，服饰产生的原因并非单一的，"御寒""遮羞""炫耀"等都是对服饰起源进行阐释的思考维度。一方面，生存本能与生活需要应该是服饰产生的最根本的动力；另一方面，服饰的产生还有很强的精神意义。服饰与人类文明的起源密切相关，它既是文明、文化开始的一种标志，也与文明、

---

① ［美］玛里琳·霍恩著，乐竟泓等译：《服饰：人的第二皮肤》，上海人民出版社1991 年版，第 17 页。

② 参见方刚：《裸体主义者》，金城出版社 2012 年版，第 71 页。

③ 参见［德］赫尔曼·施赖贝尔著，辛进译：《羞耻心的文化史：从缠腰布到比基尼》，三联书店 1988 年版，第 110 页。

④ 参见［美］伊丽莎白·赫洛克著，孔凡军等译：《服饰心理学——兼论赶时髦及其动机》，中国人民大学出版社 1990 年版，第 21 页。

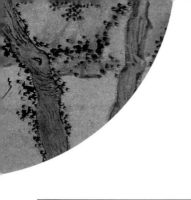

文化之间发生着不间断的相互生成。在时间的演进中，这种相互生成增加了更多社会性的内容，冲突与融合成就了文明时代服饰的发展与变化。

殷商时期，冠服制度初步建立。西周到春秋末，服饰制度日益走向成熟。冠服制被纳入"礼治"的范围，从此中国的衣冠服制更加完备。春秋战国时期，政治、经济、思想、文化等方面都发生了剧烈的变化，这对服饰的完善产生了重大的影响。铁器的出现为纺织业的发展奠定了经济基础。在思想文化领域，百家争鸣的局面则为服饰的发展提供了文化的契机。儒家主张衣冠服饰应以西周的礼制为准绳。如《荀子·君道》说："冠弁、衣裳、黼黻、文章、雕琢、刻镂皆有等差。"墨家主张衣冠服饰和生活器具应以实用为目的。如《墨子·节用》中所言："食必常饱，然后求美；衣必常暖，然后求丽；居必常安，然后求乐。"法家代表人物韩非则主张崇尚自然，反对修饰。受自身地理环境、经济发展水平及思想文化的影响，各国的衣冠服饰及风俗习惯都显现出明显的不同。但是，随着列国之间战乱和交往活动的频繁，各国服饰也都不自觉地交互影响、相互融合，以适应时代发展的节奏。例如，赵武灵王的术士冠，形式与楚庄王的仇冠相近；秦国采用楚国的通梁组缨，制作远游冠，把楚国的洁冠、赵国的惠文冠赐予近臣御史，把赵国国君的高山冠拿来为秦王所戴。从列国衣冠服饰自成特点，到彼此间相互交融，似乎预示着服饰的统一。

秦立国之后，废除了周代的服制，只取礼仪上最低的祭祀礼服。秦代尚水德，以黑为上，因此其礼服上衣、下裳同为黑色。虽然秦朝享国短祚，并未制定出完善的服制，但是此时的衣冠兼收"六国车旗服舆"，融合各家特色，形成了秦代服饰特有的风貌。

秦亡汉兴，在各项制度上，汉都因循秦代旧制。但是，在统治思想方面，不同于秦代的"以法为师""以吏为教"，西汉统治者"独尊儒术"。自汉高祖令叔孙通携诸生制朝仪，到汉武帝将儒家思想作为国家意识形态，西汉的礼仪制度臻于完善，官阶等级区分日益严格。相应的，标明官序职品、区分尊卑贵贱

的舆服制度更加完备。正如《后汉书·舆服志上》所载："秦以战国即天子位，灭去礼学，郊祀之服皆以袀玄（一种全身纯黑的深衣制礼服）。汉承秦故。至世祖践阼，都于土中……显宗遂就大业，初服旒冕，衣裳文章，赤舄绚屦，以祠天地，养三老五更于三雍，于时至治平矣。"尤其值得注意的是，这一时期，"汉服"一词始见于《汉书·西域传》。其文曰："后数来朝贺，乐汉衣服制度，归其国，治宫室，作徼道周卫。"这里的"汉"主要是指汉代，并特指汉代的服饰礼仪制度。汉衣制度在一定程度上代表了华夏衣冠制度。

魏晋时期，在民族大融合的浪潮中，中国服饰发生了质的变化。随着思辨和哲学的发展，崇尚道家返璞归真的情趣开始在人们的意识中萌芽。表现在物质生活方面，就是衣裳呈现出飘逸灵动的特点。如"竹林七贤"的当风大袖、洛水女神的杂裾飞髾等。南北朝时期，五胡乱华，以夷变夏，北方大地成为胡人秣马的牧场，而河洛士族则被迫衣冠南迁，由此奠定了如今岭南一带的客家文化。五胡乱华虽然给中原大地的人们带来了深重的灾难，但同时也加速了胡汉文化的交流与融合，促进了汉服胡化的盛行。不过，魏晋时期形成的玄衣纁裳、黼黻衮衣始终是服饰文化的主流。

至隋唐时期，服饰在恪守传统的基础上又多有创新。恪守传统，是指这一时期的舆服礼乐制度甚至比前朝更为恪守周礼；创新，则是指胡服元素被接受并吸纳到服饰中来，为唐代及后世的公服系统做出了巨大的贡献。唐代官员穿的圆领缺胯窄袖袍衫、戴的幞头革带、穿的皮靴，以及民间老百姓穿的衣服，都随处可见胡服元素的印记，可谓具有鲜明的异域风情。

自宋代开国以来，服制又显现出另外一番韵味，呈现出一种柔和温软的气象。宋代勘订礼制，同唐代一样向周礼看齐，基本遵循旧制，不过清新素雅的审美观念流行于世，简洁的襦裙、褙子和袍衫大行其道。

至宋元之交，蒙古族人狂飙扫过其他草原民族及农耕民族，在欧亚大陆上驰骋出广袤的金帐汗国。在中原大地上，它以异族入侵者的身份，建立起

庞大的元帝国。为了使汉人臣服于它的统治，其对象征着汉人文化传统的华夏衣冠礼制采取了"参酌古今，随时损益，兼存国制，用备仪文"①的态度，或是兼容并蓄，或是弃而不用。在种族等级制度的高压之下，蒙古人的质孙服、姑姑冠、辫发、髡首、左衽，就顺理成章地凌驾于汉人交领、右衽、峨冠、大袖之上。

明太祖定鼎南京后，大兴摒除外族服饰、复兴华夏衣冠的工程，但总体而言，比隋唐有所弱化。如《明史·舆服志二》规定："祭天地、宗庙，服衮冕。社稷等祀，服通天冠，绛纱袍。余不用。"明代的朝服、公服基本延续了唐宋的品色、服制，较有特色的是衣前的补子，按照不同的"文禽武兽"规则标识品级。明代后期出现了资本主义萌芽，发达的手工业和频繁的对外交流，使其服饰从质料到色彩再到图案都追求艳丽，形成了奢华的风气。繁琐细致成为这一时期服饰的最显著的特色。

清兵入关后，着手进行的第一件事就是强令汉人"剃发易服"，企图从精神和心理上征服汉人。剃发，针对的是汉人"束发簪缨冕旒冠笄"的冠式；易服，针对的是汉人"交领右衽宽袍大袖"的服式。虽然文献中往往将剃发与易服相提并论，但实际上两者在疾缓、侧重和结果上都略有不同。相对于剃发的惨烈，易服的影响更加缓长。"剃发易服令"中说"衣帽装束许从容更易"②。但时隔不久，"京城内外军民衣冠遵满式者甚少，仍着旧时巾帽者甚多"③。客观上来说，清代服制的变化是由外力促使而产生的，从衣着特点和后世传播的持久性来分析，它是以新代旧的一种进步。上下连属的袍褂是清代最为主要的服饰，另外还有马褂、坎肩等。其帽饰习俗则延续了冠服制度的特色。顶戴花翎是清代特有的标志品级的物品。这些服制结构、特色加上汉装官服的章

---

① （明）宋濂：《元史·舆服志一》，中华书局1976年版，第1930页。
② 《清世祖实录》卷十七，中华书局1985年影印本。
③ 《清世祖实录》卷十九，中华书局1985年影印本。

纹、补子、服色等规制后，由满族衣饰嫁接华夏衣冠元素而形成的服饰便已成型。

清末以来，衣饰逐渐弥染了鲜明的西方色彩，"长袍与西装共存"成为这一时期服饰的基本局面。19世纪末期，近代工业起步，中西文化的碰撞和交汇扑面而来，并渐趋激烈，新的思想和观点冲击着社会生活，服饰随之发生变化，以适应时代发展的需要。比如人们对于曲线的认识，已经不再是华夏审美观的含蓄表达了，坦率直白、性感妩媚的服饰语言随着西方文化的引进而备受青睐。于是，一种新式服装登上历史舞台，那便是旗袍。

1949年新中国成立，标志着旧的生活方式结束，与之相关的一些文化现象也随之消失，服装的实用性得到了重视。本着经济、实用、美观的原则，人们设计出既省工省料、便于劳作又新颖大方的服装。整洁美观、朴实无华的大众化和平民化的服装构成了这一时期的流行现象。60年代中期至70年代后期，"文革"的激流把人们统一于同一而单调的衣着模式之中，出现了无色彩、无个性、无性别的特殊服饰现象。

服饰的产生，就像人类的形成一样，有着简单而又复杂的动因；服饰的发展，也如同人类的发展一样，有着曲折的过程与向上的精神。一件衣裳，渲染了一个时代的外在特点，体现了一个民族内在精神的变与不变。

从服装审美及服饰式样来看，传统服式在向现代服饰变化的过程中出现了三大变化：

一是衣形与线条的变化。传统的华夏衣冠所用布料大于人体所需面积，这种崇尚宽大的用料原则，最终形成了汉服的褒衣博带之势。宽幅，再加上束腰、收祛、襞积等方式，人穿上这样的衣服后，便有了"吴带当风""翩若惊鸿"的灵动、飘逸之美，以及"带长铗之陆离兮，冠切云之崔嵬"[1]的宽仁与浪漫。司

---

[1] 汤炳正等注：《楚辞今注·九章·涉江》，上海古籍出版社2012年版，第130页。

马光《资治通鉴》有言：“天子以四海为家，不壮不丽，无以重威。”① 从精神的角度去理解，褒衣博带的中国传统服饰并不着意于突出人体的线条美，而是侧重写意传神，突出人们端庄威严的精神和气质。现代服式则从实用角度出发，以合体为本，剪裁平面，凸显形体，体现出平面直线的特点。林语堂曾说：“中装和西装在哲学上不同之点就是，后者意在显出人体的线形，而前者则意在遮隐之。”② 清末形成的新式服装——旗袍，就是借鉴了西方服饰坦率直白、性感妩媚的风格，突出了人体的线条美。

二是衣饰细微之处——边、扣的变化。传统服饰采用交领右衽的形式，常用滚镶，缘边曲线流畅，与整件衣装的风格形成一种和谐的美，而现代服式对此已无较多要求。最早的汉装是不用扣的，只用两对缨带即可稳定衣襟，直到明代，人们才开始使用金属扣或盘扣，但此时扣的使用并不普及，或用于领抹、立领上作点睛之笔，或隐于必要的接缝处，原因是扣子会影响长线条的流畅感。而现代服装最常用的就是纽扣，整件衣裳呈现出点、线、面各自为营的局面。

三是在装饰上的变化。传统服装多讲究采用动植物与几何图案，纹样的演进大致经历了抽象、规范（几何图形）对称、写实等几个阶段。商周以前的图案与原始的汉字一样，简练而概括，有抽象的装饰趣味。周以后，装饰图案日趋工整，布局严谨考究，与青铜器的造型艺术特征相一致。这些特点在唐宋时期表现得尤为突出。现代服饰在装饰手法上则注重写实，一簇花朵，或一群蝴蝶，都被刻画得栩栩如生，由于不作过多的艺术处理，也就少了些创造性。

从古代的罗衣飘飘、褒衣博带到现代的追求实用、凸显形体，中国服饰几经演变。总体而言，“一代之兴，必有一代冠服之制，其间随时变更，不无小有

---

① （宋）司马光：《资治通鉴》卷一二〇，中华书局 1956 年版，第 3796 页。
② 林语堂：《林语堂名著全集》第 21 卷《生活的艺术》，东北师范大学出版社 1994 年版，第 257 页。

异同，要不过与世迁流，以新一时耳目，其大端大体终莫敢易也"①。

　　服饰，不仅是中国传统文化的载体，还是文化传承最直接的物化形式，更是中国传统文明的重要组成部分。研究传统服饰文化，应当求其源、述其流、观其变、论其失，将传统服饰重新拉回到历史的脉络中来，重现传统服饰所体现出来的美学意蕴和文化风格。

　　① （明）叶梦珠：《阅世编》卷八《冠服》，上海古籍出版社 1981 年版，第 173 页。

第一章

冠冕章服

冕服之制，即帝王将相祭祀和朝堂之服，又称"章服"，是配有标志形象的服制。"章服"一词出自《左传》："中国有礼仪之大，故称夏；有章服之美，谓之华。"①作为一种服饰制度，其自周而大备，后经历代沿革，直至袁世凯复辟失败，才退出历史舞台，前后共存续了4000多年。

章服可分两大类：一类是礼服，也称"冕服"，用于祭祀和大典，后来又分化出祭服和朝服等小类；一类是公服，又称"常服""从省服"，用于一般性的正式场合。

章服不但在形式上尽显雍容华贵，而且其各构成要素也被赋予了深远的道德意义，如规劝人君不尊大、不听谗、明是非、求大德，等等。可以说，章服"取之乾坤"，经俯仰天地万物之象择而用之，体现了古人的世界观及在此基础上衍生出来的政治哲学，即"冠并衣裳，黼黻文章，雕琢刻镂，皆有等差"的等级秩序，因此在质地、色泽、纹样上形成了"品色服"制度。这些象征着皇权至上与官位威严的服饰，是中华传统服饰中最复杂和最具象征意义的一种。

在历代皇族服饰中，只有皇帝的服饰才能采用"十二章纹"，文武百官都按级别递减纹样的数量，因而在人们的心目中，"十二纹章"纹样成为权力和威仪的代名词。所以，服饰与等级制度、宗法制度等紧密结合在一起，既是统治阶级地位和权力的象征，也是维护其统治和地位的重要手段。

一、冕　服

冕服是帝王、大臣祭祀时所穿的祭服。关于冕服的起始，无确切记载。《论语·泰伯》中有"子曰：'禹，吾无间然矣。菲饮食而致孝乎鬼神，恶衣服而致美乎黼冕'"的记述，其意在说夏禹生活节俭，平时"穿得很差，却把祭服做得

---

① 《左传·定公十年》，《十三经注疏》本，中华书局1980年影印版，第2272页。

极华美"，以崇敬祀神。商周继承了夏的制度。周在吸收继承前朝的基础上，形成了比较完备的冕服制度。正如《论语·八佾》中孔子所言："周监于二代，郁郁乎文哉！吾从周。"其后历朝历代，冕服虽有些许变化，但总体上仍包括冕冠、玄衣、纁裳、赤舄等从头到脚几大部分，同时还配有大带、革带、韨、佩绶及"十二纹章"等配饰。（见图1-1）

冕服中最具有象征意义的是冕冠。相传，冕冠起于黄帝，至周始完备，帝王、诸侯、卿大夫参加盛大祭祀时服之。冕冠又称"大礼冠"，外黑色，里朱红色。东汉许慎《说文解字·月部》中说："冕，大夫以上冠也，邃延、垂鎏、织纩，从月，免声。古者黄帝初作冕。""月"是蛮夷及小儿的头衣，"免"是"冕"的本字。因之，"冠之尊者莫如冕"。其形制为：冕顶有长方板，前圆后方，盖谓天圆地方，都是前低后高，呈前俯之状，以

图1-1　帝王冠冕服图（唐·阎立本
《历代帝王图》局部）

示俯伏谦逊，象征君王关怀百姓的仁心。据《礼记·玉藻》记述，冕板广八寸（约26厘米），长一尺六寸（约54厘米），称为"延"（綖），后高前低，略向前倾。延之前端缀有数串小圆玉，叫作"旒"。冕加在发髻上，并横插一玉笄（簪），以别住冕。笄的两端绕额下系朱红丝带，叫作"纮"，纮下垂缨；又各用一条名叫"紞"的丝绳挂下一个黄色绵丸，谓之"黈纩"，或饰玉，谓之"瑱"，因两瑱正当左、右两耳，故又名"充耳""塞耳"。

冕服最贵重者为"冕旒"。旒就是用五彩的缫（丝绳）12根，贯以五彩玉12块，按朱、白、苍、黄、玄的顺次排列，每两块玉相间1寸，即3.3厘米，每旒长约4厘米。冕冠的旒数按典礼轻重和服用者的身份不同而有区别，按典礼轻重来分

图1-2 衮冕（宋·聂崇义
《三礼服》插图）

图1-3 鷩冕（宋·聂崇义
《三礼服》插图）

玄衣纁裳的冕服在不同的祭祀场合和不同的随祭者中又有着某些差别。这种差别集中在冠冕的旒数和玄衣纁裳的花纹种类及数量上。《周礼·春官·司服》中关于周天子的冕服共记有六种，分别是大裘冕、衮冕（见图1-2）、鷩冕（见图1-3）、毳冕（见图1-4）、缔冕和玄冕。天子祀天帝的大裘冕和吉服的衮冕用12旒，每旒贯玉12颗；天子享先公服鷩冕，用9旒，每旒贯玉9颗；天子祀望山川服毳冕，用7旒，每旒贯玉7颗；天子祭社稷五祀服缔冕，用5旒，每旒贯玉5颗；天子祭群小服玄冕，用3旒，每旒贯玉3颗。按服用者的身份地位分，只有天子的衮冕用12旒，每旒贯玉12颗。公之服只能低于天子的衮冕，用9旒，每旒贯玉9颗；侯伯只能服冕，用7旒，每旒贯玉7颗；子男只能服毳冕，用5旒，每旒贯玉5颗；卿、大夫服玄冕，按官位高低玄冕又有6旒、4旒、2旒的区别；三公以下只用前旒，没有后旒。地位高的人可以穿低于规定的礼服，而地位低的人则不允许僭越穿高于规定的礼服，否则就要受到惩罚。周朝以后，只有帝王才能戴冕有旒，于是"冕旒"就成了帝王的代称。唐代诗人王维在《和贾至舍人早朝大明宫之作》一诗中，就有"九天阊阖开宫殿，万国衣冠拜冕旒"的描述。此处的"冕旒"就是指代皇帝。

天河带是冕上的重要装饰，本来是綖上的一道纮，用于垂挂纩，后来发展成天河带。长长的天河带既体现了皇帝的尊严，也增加了动态的美感。结璎在周制冕中是连在笄的一端的一根丝带，称作"纮"，由颌下绕过，系于笄的另一端。不过这样系起来会很麻烦，故此后将其改为在下颏下结璎。

在上古时期，受纺织技术的限制，冕一般用麻制成。《论语·子罕》中就说："麻冕，礼也。"中古时期才开始用丝罗。唐宋时期，冕的装饰非常华美。据《宋史·舆服志三》记载，此时的冕冠"贯真珠。又有翠旒十二，

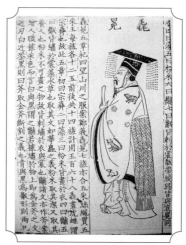

图 1-4　鷩冕（宋·聂崇义《三礼服》插图）

碧凤御之，在珠旒外。冕版以龙鳞锦表，上缀玉为七星，旁施琥珀瓶、犀瓶各二十四，周缀金丝网，钿以真珠、杂宝玉，加紫云白鹤锦里。四柱饰以七宝，红绫里。金饰玉簪导，红丝绦组带"。

穿冕服需配以赤舄。赤舄，即天子和诸侯所穿赤色重底的鞋子。《诗经》云："'王锡韩侯，玄衮赤舄。'则诸侯与王同。"孙诒让正义："赤舄最尊，故即以赤为饰，不以他采闲之。亦谓之金舄，以赤兼黄朱，近于金色也。"舄大约出现在商周时期，战国以后一度被废弃，到汉代才又重新恢复。据《后汉书·舆服志》记载："显宗遂就大业，初服旒冕，衣裳文章，赤舄绚屦，以祠天地。"魏晋南朝及隋唐时期沿袭古制。宋代沿袭唐制，祭服用舄。辽、金、元也都以舄为祭祀之鞋，元代还在舄首装饰了玉件，并于舄上饰以花纹。明代，祭祀、朝会等场合皆用舄。到清代，舄制被废，帝王百官及后妃命妇在祭祀、朝会时都穿靴。

舄不同于一般的鞋履，其形制是底部有上、下两层结构：上层用布底，下层是一个木制托底，这样可以避免穿着舄长时间在户外参加祭祀活动而弄湿鞋

底。舄上一般都饰有绚、缝、纯。绚是舄首正中部位缀的丝织物，绚的两头留有小孔，用以穿绳，绳带可以收紧，以免滑脱；缝是鞋帮与鞋底连接之处的细圆丝制滚条；纯是鞋口镶缀的滚条。通常，舄的材质以葛布或皮革等为多。

根据礼仪，入室时一般都要脱舄。周代，人们遵守脱鞋入室的习俗，在室内活动大都赤足，秦汉也沿袭了这种习俗。司马迁《史记·滑稽列传》中的"日暮酒阑，合尊促坐，男女同席，履舄交错，杯盘狼藉"，就记载了当时宴会时众人将履、舄等放置在门外的场面。这样做的原因主要是古人采用席地而坐的起居方式，人们进室内要先脱鞋，以免将鞋底的污垢带入室内，弄脏席子。入唐后，由于椅、凳等坐具多见，高桌、案也开始出现，席地而坐的起居习惯逐渐为人们所抛弃，入室必先脱鞋的习俗也随之而改变。但在某些时候，还保留脱鞋的礼节。

二、朝 服

朝服，亦写作"朝衣"，又称"具服"，为君臣于朝堂议政之服。《新唐书·车服志》曰："具服者，五品以上陪祭、朝飨、拜表、大事之服也。"先秦时，朝服为祭祀之服的一种，一般由玄冠、缁衣、缁带及素韠等组成。如《论语·乡党》记载："吉月，必朝服而朝。"朝服虽然可代替祭服用于祭祀，但主要用途还是古代君臣于朝会议政时所穿。

朝服在不同的历史时期有几种不同的形制，如皮弁服、元端、袍服等。

皮弁服 皮弁服因冠为皮弁而名。天子有三朝：外朝两次，内朝一次，皆穿皮弁服。此外，天子郊天、巡牲、在朝行宾射礼以及诸侯王在王朝、诸侯视朔时亦可服之。清凤韶《凤氏经说》曰："皮弁之用，天子视朝，诸侯告朔，聘礼主宾，皆服之。"

弁即帽子，是仅次于冕的礼冠。弁服的冠分为爵弁、皮弁、韦弁，且无章

彩纹饰。其中，皮弁的材质一般为白鹿皮，其制法是把鹿皮裁成片，尖狭的一端在上，宽的一端在下面缝合，因皮上有浅毛而略显浅黄色。弁冠的形状似冕，但无旒，亦非呈前低后高之势。虽与冕一样有綖，但綖却不像冕那样有色彩区别，一般全部都为雀头色（也称"爵头色"）。在等级的区分上，它也依照冕服的等级仪式，用所饰会缝和璂（指古代皮件缝合处的玉饰）数以及璂饰色彩的多少来标识戴弁者的地位。如天子为十二会缝，会上饰以五彩玉饰，即"玉璂"，也称"帽正"。王公大臣的会缝依次递减。

戴皮弁时则穿用 15 升 [①] 白色细布制成的素衣，以素布作褶裙为裳。下裳打有襞积（褶皱），腰部系大带，前身的下半身还要系以鞸。《仪礼·士冠礼》云："皮弁服：素积，缁带。"所谓缁带，就是系于腰间的黑色丝织大带。

汉代沿袭周制，皮弁服逐渐成为专门的礼服，且形制上发生了较大的变化，服色由白色衣裳改为缁衣素裳。

隋唐时期，弁服变得更为复杂，不仅增加了佩、绶、鞶囊等饰物，配搭更为齐全，而且颜色更加丰富。皇帝朝服用绛衣素裳，礼鞋改为黑色。朝臣的弁服只在文官公事时穿，服饰颜色体现了文官等级：一至五品皆朱衣素裳，六、七品绿衣，八、九品青衣，六品以下不得佩玉和绶。隋唐以后，皮弁改用乌皮，上蒙以乌纱，即俗称的"乌纱帽"。乌纱帽一直延续到明代。

明代皮弁服的主要改变是上衣采用绛色的交领右衽大袖衣，衣服的领、袖、襟缘均用本色；下裳则为红色，由前、后身两部分组成，前、后身自上而下打有数条襞积，用赤色的窄腰将前、后两部分连为一体，并在裳两侧的上端设置了供穿系用的绦、带。蔽膝随裳色，本色缘边，不施章纹。目前所见实物均为明代皮弁服，其他所述仅见于文献记载。1970 年，山东邹城明鲁荒王朱檀墓出土了一顶亲王皮弁，高 21 厘米，宽 31 厘米，内壳用藤篾编制，外表有黑色

①升：布匹计量单位，80 缕为 1 升。

**图1-5 明九缝皮弁（山东邹城
明鲁荒王墓出土）**

编织物痕迹，前后各九缝，缝中压金线，缀五彩玉珠9颗，镶金边金圈，两侧上部有梅花金穿，横贯以金簪。（见图1-5）

元端　元端又称"玄端"，取其端正之意，是夏、商、周三代朝会时的一种服饰。这种服装从天子到士大夫都可以用，但天子以元端为便服，诸侯以此服祭宗庙，大夫、士朝见时也穿此服，同时其亦是小辈朝见父母之服。元端衣袖一般为72.6厘米，棕色。诸侯朝服用元端素裳，若上士用索裳，中士用黄裳，下士则用杂裳（即前用元色，后用黄色）。元端一般均无文饰章彩。配套的首服是委貌冠，也就是玄冠。委貌是和皮弁造型相似的一种冠饰，只是不用鹿皮，而代之以黑色缯绢。因为这种朝服是用委貌和玄端组成的，所以"委端"就成了当时朝服的代名词。时至秦朝，周礼尽失，元端很少见诸史书，而后代亦无继承沿革之意。正如宋初聂崇义所作《三礼图》所言："后代变乱法度，随时造作，古今之测，或只见于文。"

袍服　袍服脱胎于深衣。与深衣的区别在于腰部没有断缝，实为一种长衣。周时，袍服尚不能作为正式服饰，穿着时服外必须另加罩衣。袍服成为朝服是在东汉永平二年（59年）。其时，袍服以所佩印绶为主要官品标识。据《后汉书·舆服志》记："乘舆（即皇帝）所常服。服衣，深衣制，有袍，随五时色。……今下至贱更小史，皆通制袍，单衣，皂缘领袖中衣，为朝服云。"这表明，在东汉时期，从帝王到百官都以袍服为朝服。

朝服一般用绛纱袍，白纱中单。魏晋时，皇帝至百官基本上都承袭汉制。隋唐时期，帝国官僚机构的强化直接影响着官服的发展，尤其是唐代官服，其完备是与组织机构相适应的。据《旧唐书·舆服志》记载，至唐太宗时期，即使庶民也可以穿袍服，但还是限定袍服的服色，以此来区分高低贵贱。具体来说，

五品以上的官员可以穿紫袍，六品以下分别用红、绿两色，小吏用青色，平民用白色，屠夫、商人只许穿黑色衣服，士兵穿黄袍。右图是在唐高宗的儿子李贤墓中出土的壁画，描绘的是唐代官员引见友好宾客的情景。画面上，三位不同地域和民族的宾客，在三名唐代官员的

图1-6　穿红袍的唐代文官（陕西乾县李贤墓壁画）

陪同下，等待太子接见（另说是吊唁太子的场面）。三名唐代文官头戴漆纱笼冠，身穿曲领、宽红色长袍，腰束大带，脚穿高头皂履，神态严肃。（见图1-6）

　　时至宋代，虽然生产力的发展水平与物质财富的创造能力都较高，但外患累年不断，致使国家积贫积弱，故其衣着风格一改隋唐的雍容华丽，渐趋朴实之风。宋代袍服种类繁多，按形制可以分为大袍、窄袍、衫袍、靴袍、履袍、单袍等。其中，窄袍是宋代皇帝的礼服之一，因袍身狭小、两袖紧窄而得名。据《宋史·舆服志三》记载，窄袍是"天子祀享、朝会、亲耕及视事、燕居之服"。履袍始于南宋乾道九年（1173年）。据该书记载，其"以绛罗为之"，也是宋代皇帝的礼服之一，专用于郊祀明堂、诣宫、宿庙等场合。单袍是没有衬里的单衣。

　　在未进关内之前，蒙古人的服饰是较简单的。至1261年，蒙古人以燕京为都，才开始接受汉人的礼法及器物制度。1272年，制定皇帝的衮冕、圭璧、符玺及车仗等礼仪制度；1321年，参酌古今，结合汉、蒙传统，制定了天子冕服、太子冠服、百官祭、朝服、士庶服色、天子百官的质孙服等一系列服制。

　　质孙服，是颇具蒙古族传统特色的服装，又称"只孙""济逊"，汉语译作"一色衣"。"质孙"是"颜色"的意思，"质孙服"就是指漂亮、华丽的服装。其原为戎服，既便于乘骑等活动，也适合在元内廷大宴时使用。质孙服可分为两类：一类是帝王、大臣、贵族等上层社会的人士所穿的没有"细摺"的腰线袍及直身

中国文化四季

图 1-7　穿金蟒袍的宋代
名臣王鳌像

放摆结构的直身袍；另一类是在质孙宴上服务于这些上层人物的乐工、卫士等所穿的辫线袍。

明代开国皇帝朱元璋打着"驱逐胡虏，恢复中华"的旗号推翻了蒙古人的政权。朱元璋立国后，先禁胡服，尤其是在官服方面，下诏衣冠一如唐代形制。明代最具特点的朝服即蟒袍，又称"花衣"，因袍上绣有蟒纹而得名。（见图 1-7）蟒袍本不在官制之内，初为一种赐服。徐珂《清类稗抄》云："凡有庆典，百官皆蟒服，于此时日之内，谓之花衣期。"其服装特点是：大襟、斜领、宽袖，前襟的腰际横有一铧，下打满裥；所绣纹样，除胸前、后背两组之外，还分布在肩袖的上端及腰下（一横条）；另外在左右肋下，各缝一条本色制成的宽边，当时称"摆"。据《明史·舆服志三》记载：正德十三年（1518 年），"赐群臣大红纻丝罗纱各一。其服色，一品斗牛，二品飞鱼，三品蟒，四、五品麒麟，六、七品虎、彪；翰林科道不限品级皆与焉；惟部曹五品下不与"。明太监刘若愚在《酌中志·内臣服佩纪略》中也专门述及这种服饰："其制后襟不断，而两旁有摆，前襟两截，而下有马面褶，从两旁起。"这种服装所采用的质料和纹样都有较为严格的规定。

清代，袍服仍然是重要的朝服，但在形制上与前代已有很大的不同，具有十分浓郁的民族特色。清代袍服上身和两袖部分都很合体，特别是袖子颇为窄瘦，在袖端即手腕的位置衬一马蹄形袖头，这种袍服因此被人们称为"马蹄袖衣"。着此袍服，平时将马蹄形袖头折于手腕上，行礼时将其放下，以示谦恭顺服。马蹄袖既可保暖，又可护手，汉化的满族人又称马蹄袖衣为"箭衣"。

有清一代，上自皇帝，下至末等小吏，都着此袍服。袍的形制大体相同，

唯在材质、颜色和图案上略有差别，借此作为划分等级的标志。

皇帝、皇子着龙纹袍服。据文献记载，清代皇帝的龙袍应该绣有九条龙（见图1-8）。但从实物来看，前后只有八条龙，好像与文献记载不符。有人认为，所缺之龙实为皇帝本身。其实，清代皇帝的龙袍，的确绣有九条龙，只是其中一条被绣在衣襟里面，一般不易看到。这样一来，每件龙袍上确有九龙，而单从正面或背面看时都是五龙，恰与九五之数相合，寓意"九五之尊"。另外，龙袍的下摆斜向排列

图1-8 康熙皇帝像

着许多弯曲的线条，称作"水脚"。水脚之上，还有许多翻滚的波浪，波浪之上，又立有山石宝物，俗称"海水江涯"，它除了表示绵延不断的吉祥外，还有"一统山河"和"万世升平"的寓意。另外，在衮衣上还绣有日、月及篆体的"万""寿"字纹，其间加饰五色云纹。

皇子以下至九品流外官还可以服蟒纹袍服。蟒袍以服色及蟒的多少来分别官职大小和身份高低。皇太子用杏黄色，皇子用金黄色，片金缘，通绣九蟒，裾四开；民公（非宗室封公爵者）用蓝色及石青色，通绣九蟒，皆四爪；侯以下至文武三品、郡君额附、奉国将军以上，一等侍卫与民公同例；文四品，蓝及石青诸色随所用，通绣八蟒，皆四爪；武职四、五、六品，文职五、六品，奉恩将军县君额附，二等侍卫以下同此例，绣八蟒，皆四爪；文七品，武七、八、九品及未入流者绣五蟒，用四爪。

袁世凯在称帝之时也曾制定皇族服装，而这种朝服颇给人不伦不类之感。如皇子服称"金花服"，是仿照英国宫廷服装的式样，用黑色呢子制作的，上身是燕尾服，胸襟上用金线绣满横排的花纹，既不开缝也不系纽扣，下身是西装裤，

两侧有黄色绒毛。每个皇子胸前的花纹不同，袁克文和袁克权胸前是麦穗的图案，其他人都是牡丹花图案。而且，每人都要佩带金色的绶带，绶带下端悬着配刀。这种勉强的附会与嫁接，不但失去了朝服原有的内涵，而且其逆历史潮流而动的本质，也决定了它短暂的命运。

随着帝制的结束，在中国古代历史上发挥着重要作用的朝服结束了使命，并退出了历史舞台。

三、公　服

公服指官吏的制服。与冕服、朝服相比，公服的形制要简便得多，同时，还省略了许多烦琐的挂佩，所以公服又有"从省服"之称。如《新唐书·车服志》中所言："从省服者，五品以上公事、朔望朝谒、见东宫之服也，亦曰公服。"公服滥觞于魏。宋代司马光《资治通鉴》"齐武帝永明四年"载："辛酉朔，魏始制五等公服。"延至隋代，公服多被制成单层，即为一种单衣，且两袖窄小。这也是它有别于祭服、朝服之处，而这种设计或许就是出于方便公务之考虑。

唐代依此而行，公服一般由冠、帻、簪导等头式，绛纱单衣、白裙襦（衫）等服式及革带钩鰈、方心、鞶囊、双佩等配饰和袜履、马皮履组成。此服与朝服的区别在于无蔽膝、剑、绶。自贞观四年（630年）始，又以颜色作为区别官职高低的标志，因此其又被称为"品色服"。具体来说，三品以上官员着紫衣，四、五品着绯（大红）衣，六、七品着绿衣，八、九品着青衣。因此，宋人洪迈在《容斋随笔》中曾说："每朝会，朱紫满庭，而少衣绿者，品服大滥。"紫色之袍即唐代官吏公服中最为贵重的一种，因此后来就将达官贵人的服装泛称为"紫袍"。俗语中所谓"红得发紫"一语，便来源于此。武则天当朝时，施行了一种新的服装，即在不同职别的官员袍上绣不同的纹样，名叫"绣袍"。文官绣禽，武官绣兽，以禽、兽纹样区别文、武官员级别。这应该是明清时期补服的滥觞。

青袍也称"青衫""青衣"，是公服中最低卑的服装，因此多被用来比喻品级低微的官吏。白居易在其《琵琶行》中就曾用"座中泣下谁最多，江州司马青衫湿"的诗句，来表达自己沦落天涯、郁郁不得志的处境。

襕衣是唐代较为普及的一种公服样式。因为中国古代将长袍腰部以下左、右开衩的两片称为"襕"，故而这种有着宽大衣襕的衣服就叫作"襕衣"。襕衣的样式与周朝流行的宽袖斜襟大袍是有很大区别的。宽袖斜襟大袍一般称为"深衣"，但是襕衣不但比深衣更加贴身，而且其袖口窄而紧，领口也与传统的斜襟领口有区别，带有非常鲜明的古代北方胡人服饰的特点。在唐代，襕衣可以说是男子最为普遍的一种衣服样式，上至皇帝王公、文武百官，下至贩夫走卒、黎民百姓，无论是日常生活中，还是正式场合中，都可以穿襕衣。在社会风气非常开放的唐代，女子也可以穿襕衣。由此可见襕衣在唐代服饰中的重要地位。正是因为襕衣的普及性和常用性，所以它也被称作"常服"。

至宋代，传统的汉族深衣样式又卷土重来，成为男装的主流，只是宋代深衣吸取了襕衣简便轻活的特点，比汉代深衣进步了许多。在款式上，宋代公服与唐代襕衣稍有区别，虽然都用圆领，但宋代襕衣一改唐代襕衣比较紧身的胡服特点，变得更为宽松，且多用宽袖。（见图1-9）这种改进后的襕衣逐渐成为宋代的公服，民间基本很少有人穿。《宋史·舆服志五》中说："凡朝服谓之具服，公服从省，今谓之常服。"至元丰年间，公服只用三种颜色：四品以上用紫，六品以上用绯，九品以上用绿，取消了青色。其形式

图 1-9　身穿圆领袍衫的文吏（宋·赵佶
《听琴图》局部）

为曲领（圆领）袍、大袖，下裾加横襕，腰间束以革带，头戴幞头，脚上穿靴或革履。

元代沿用宋制，百官公服也用紫、绯、绿三色，但又增加了新的内容，最大的特点是在公服上绣织纹样。一至五品，虽然同为紫衣，但一品饰大朵独花，花径五寸（约 16.66 厘米）；二品饰小朵独花，径三寸（约 10 厘米）；三品饰散花，径二寸（约 6.6 厘米），无枝叶；四、五品饰小杂花，径一寸五分（约 5 厘米）；六、七品衣用绯色，皆饰小杂花，径一寸（3.3 厘米）；八、九品衣用绿色，素而无纹。穿公服时一律戴漆纱制成的展角幞头。

明代实行公服与常服分制。据《明史·舆服志三》记载，公服都是盘领右衽袍，用纻丝或纱罗绢，袖宽三尺（约 1 米），并沿袭了前代以颜色区分官等的传统识别方法。具体来说，"一品至四品，绯袍；五品至七品，青袍；八品九品，绿袍；未入流杂职官，袍、笏、带与八品以下同"，在京官"每日早晚朝奏事及侍班、谢恩、见辞则服之。在外文武官，每日公座服之"。这种公服专用于奏事、侍班及谢恩之时。明代公服所用颜色和元代虽稍有差别，但袍上的纹样则与元代完全相同。

官员如若在自己的馆署内处理公务，则穿常服。常服由乌纱帽、团领衫、革带三部分组成。革带上的銙饰是区别尊卑等差的标识：一品用玉带銙，二品用花犀带銙，三品用金银花带銙，四品用素金带銙，五品用银花带銙，六、七品用素银带銙，八、九品用乌角带銙。至洪武二十四年（1391 年），朝廷又始定职官常服使用补子，即以金线或彩丝绣织成禽兽纹样，缀于官服胸背，通常做成方形，前后各一。文官用禽，以示文明；武官用兽，以示威武。所用禽兽尊卑不一，用以辨别身份等级。其具体纹样，据《明史·舆服志三》记载："公、侯、驸马、伯服，绣麒麟、白泽。文官一品仙鹤，二品锦鸡，三品孔雀，四品云雁，五品白鹇，六品鹭鸶，七品鸂𪆟，八品黄鹂，九品鹌鹑"，"武官一品、二品狮子，三品、四品虎豹，五品熊罴，六品、七品彪，八品犀牛，九品海马"。

明代补子的运用是古代官服史上承前启后的一件大事。从武则天朝的袼文

袍起发展至明代文官用禽、武官用兽，充分体现了中华民族象征文化的丰富内涵。仙鹤品行高洁，是神仙的坐骑。锦鸡纹章灿烂，象征文彩绚丽。孔雀、云雁美丽、善飞。白鹇、鹭鸶、鸂鶒各有专长，是主人的好帮手。鹌鹑淳良朴实。狮子、虎豹、熊罴都是猛兽中的强者。彪是小老虎，是未来的百兽之王。犀牛、海马也是体大力猛的巨兽。总体上，希望文臣德才兼备，并运用一己之长为国尽力；希望武官勇猛善战，能令敌人胆寒。（见图1-10、图1-11）

清代统治者虽然试图割断与明代在政治上、血统上的联系，但却割不断与明王朝在服饰上的继承关系，在保留满族人诸多传统的基础上，也因袭了不少明代官服定制，尤其是公服，是清代官服系列中直接承袭明代官服形式的服饰之一。清代的公服多穿在袍服的外面，故又称"补褂""外褂"。补褂是满族的民族服装，类似汉族的衫或袄，比袍

图1-10　明代文官的补子

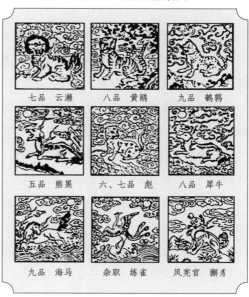

图1-11　明代武官的补子

图 1-12 清代文官像

短，圆领右衽，两袖宽窄适中，平袖口，前后左右开有四衩，有大襟和对襟两种。补褂是清代官员用以区分等级品位的官服之一。当胸和后背绣补子图案，补子图案亦与明代相差不多，文官用飞禽，武官用猛兽。但补子的图形、所绣纹样和明代略有差异。如亲王、郡王、贝勒、贝子等皇族穿的补子不用明代的方形补子，而改用圆形补子。补子上的图案，郡王以上用龙，伯以上用团蟒；文职一品用仙鹤，二品用锦鸡，三品用孔雀，四品用云雁，五品用白鹇，六品用鹭鸶，七品用㶉𫚭，八品用犀牛，九品用海马；都御史等法官用獬豸。（见图 1-12）

同时，受有诰封的命妇，即官吏的母亲、妻子，虽然不坐堂办公，但也备有补服，通常是在庆典朝会时穿。所用纹样可按照其丈夫或儿子的品级而定，如一品命妇用仙鹤，二品命妇用锦鸡，以下类推。凡为武职之母、妻，则不用兽纹，而是和文官家属一样用禽鸟，意思是女子以娴雅为美，不必尚武。

清代的官服中还有一种形似补褂的公服，就是端罩。端罩是用各种皮毛制成的外穿皮褂，因其较为珍贵，通常只有皇帝、皇族及帝王的高级护卫才能够穿。其形制为：圆领，对襟，平袖，袖长及腕，衣长过膝，两襟用扣襻结。端罩在用料上极为严格，皇帝一般穿紫色貂皮制成的端罩；亲王穿青狐端罩；公、侯、伯、子、男爵等穿一般貂皮端罩；一、二、三等护卫分别穿猞猁、红豹和黄豹皮制成的端罩。

清代晚期，伴随着西学东渐，传统服式开始受到外国服式的影响和冲击，而出现了一些变化。19 世纪末 20 世纪初，维新志士们大声疾呼"断发易服"，但直至 1911 年辛亥革命爆发，清王朝彻底崩溃，帝制结束，代表封建等级制度

与政治文化的公服才真正退出历史舞台。当然，此时也有些学者认为，推翻清政府的统治就是光复汉族，一切应该恢复到中国古代的情形，包括古人的"深衣冠服"。著名学者钱玄同就认为应该恢复汉服，他还参照《礼记》《书议》《家礼》等写了《深衣冠服考》，并身体力行，穿着这种奇怪的服装去上班，可惜无人效法，还被传为笑柄。后来，另一种工作服饰——中山装正式取代了传统的公服。

四、官服佩饰

佩饰，最初应该具有避邪的实用功能。商周时期，随着服装文明的发展，佩饰的象征性功能更加突出，并被赋予了道德的含义，逐渐成为礼的一部分。《韩非子·观行》中曾有故事曰："西门豹之性急，故佩韦以自缓；董安于之性缓，故佩弦以自急。"韦皮性柔韧，性急者佩之以自警；弓弦常紧绷，性缓者佩之以自促。唐代诗人卢纶的《送丹阳赵少府》中也曾有"佩韦宗懒慢，偷橘爱芳香"[1]的诗句。可见，佩饰在一定程度上成为德佩之物，并具有了某种规范的意蕴和自律的功能。当然，在冕服、朝服、公服这些祭服与官服之上，佩饰有着更加丰富的内涵。

冠冕之服作为最隆重的祭祀之服，除夸张的冠制和华丽的冕服外，衣冠上的佩饰同样彰显着皇权的威严与神圣。蔽膝、韨、革带、大带、玉佩、佩剑等都是早期冠冕最重要的佩饰。

蔽膝　顾名思义，蔽膝为遮盖大腿至膝部的服饰配件。正如汉代刘熙《释名·释衣服》所言："韠，蔽也，所以蔽膝前也……又曰跪襜，跪时襜襜然张也。"与围裙不同，蔽膝稍窄，且要长到能遮蔽膝盖，用在衣裳礼服上要求与帷裳下缘齐平。蔽膝不直接系到腰上，而是拴到大带上作为一种装饰，用锦或皮革制成。对此，

---

① （清）彭定求等编：《全唐诗》卷二七六，中州古籍出版社1996年版，第1695页。

沈从文先生曾有考证：商周乃至秦汉的蔽膝，长条形最下方一般为圆铲形。东汉郑玄释"圆杀其下"没有错，而西汉以前的图像已经比较少见，后人误作舌形。

关于蔽膝的由来，《左传·桓公二年》郑玄注："古者田渔而食，因衣其皮，先知蔽前，后知蔽后，后王易之以布帛，而犹存其蔽前者，重古道，不忘本。""重古道"的表述意在表明蔽膝是古代遮羞物的遗制。蔽膝与佩玉在先秦时都是别尊卑等级的标志，到秦代时被废除，代以佩绶制度。不过，蔽膝并没有完全从服饰文化中消失，而是仍存在于后世的祭服、甚至朝服中。

玉佩　玉佩是最主要的佩饰，玉贵为统治者专有，从而可以标志佩戴者的身份。在西周宗法制度之下，"天子佩白玉而玄组绶，公侯佩山玄玉而朱组绶，大夫佩水苍玉而纯组绶，世子佩瑜玉而綦组绶，士佩瓀玟而缊组绶"。《礼记·玉藻》中记载："古之君子必佩玉。"玉的"温润而泽"象征着佩戴者的"仁"，其"缜密似栗"则象征着佩戴者的"智"。有人问孔子弟子子贡：人们为何重玉而轻石，是否是因为玉少而石多？子贡去问孔子。孔子答道：人们之所以重视玉，是因为"昔者君子比德于玉焉：温润而泽，仁也。缜密以栗，知也。廉而不刿，义也。垂之如坠，礼也。叩之，其声清越以长，其终诎然，乐也。瑕不掩瑜，瑜不掩瑕，忠也。孚尹旁达，信也。气如白虹，天也。精神见于山川，地也。天下莫不贵者，道也"[①]。从这些记载可以看出，人们由喜欢玉而发展出一种玉德观念，或者说，人们从玉的特性中发掘出了完美人格、人伦道德的象征意蕴，佩玉正是道德高尚、向道体道的表现。这种观念萌芽于西周，形成于东周，而成熟于汉代。

战国秦汉时期，玉佩繁缛华丽，种类甚多，如玉璜、玉璧、玉珩等。佩玉者可以用丝线将其串联结成一组杂佩佩戴，走起路来，玉石相撞发出叮咚之声。玉玦也是佩玉的一种，其形为断开的环形，故古人常以玦寓决断之义。

东汉以后，玉德观念似乎趋于淡化，但是与玉德有直接关系的佩玉制度却

---

① 王文锦译解：《礼记译解·聘义》，中华书局 2001 年版，第 948 页。

一直保留下来，"君子必佩玉"的思想影响长期存在。东汉末年，因长年战乱，佩玉形制一度失传。曹魏侍中王粲重新设置佩玉，因此，魏晋以后的佩玉出现了新的形制。隋代沿袭魏晋制度，贵族阶层佩玉是为了表彰德行，即要"比德于玉"。《隋书·礼仪志》记载："佩，案《礼》，天子佩白玉。董巴、司马彪云：'君臣佩玉，尊卑有序，所以章德也。'"直至明代，在帝王陵墓中仍然随葬成组的玉佩，用以彰显佩戴者的华贵与威严。

魏晋以后，男子佩戴杂佩的渐少，以后各朝都只是佩戴简单的玉佩，而女子却在很长的一段时间里依然佩戴杂佩，通常系在衣带上，走起路来环佩叮当，悦耳动听，因此"环佩"也渐渐成了女性的代称之一。环佩在样式和佩戴方式上前后有所变化。清代学者叶梦珠在《阅世编·内装》中解释说："环珮，以金丝结成花珠，间以珠玉、宝石、钟铃，贯串成列，施于当胸。便服则在宫装之下，命服则在露帔之间，俗名坠胸，与耳上金环，向惟礼服用之，于今亦然。"可知清代女性的环佩已经从古时只系于衣带的腰饰，而转为坠于胸间的项饰了。

大带、革带　大带、革带都是指腰带。大带以布帛制作，用于束腰紧身；革带多以生革为之，主要用于系佩组绶、印章、囊、刀剑等物。天子、诸侯的大带都用丝帛制成，夹层，呈长方形，四边加缘辟，天子素带朱里，诸侯不用朱里。大带垂下的部分称"绅"，绅下垂，可以临时提起来当作记录本。《论语·卫灵公》记："子张问行。子曰：'言忠信，行笃敬……'子张书诸绅。""书诸绅"即把老师孔子的言论写在绅带上。"绅士"一词即来源于此。

因革带硬而厚实，无法同大带一样系结，使用时多借助带头扣联，此类带头通常被制成钩状，称为"带钩"，省称"钩"。带钩起源较早，一般认为不迟于春秋时期。《左传·僖公二十四年》记载："齐桓公置射钩，而使管仲相。"《墨子·辞过》："铸金以为钩，珠玉以为佩。"上引文献中的"钩"均指带钩。春秋战国墓出土的带钩实物也不少。这表明，春秋战国时期，带钩已被人们普遍而广泛地使用。

带钩的质地有金、银、铜、铁、玉、石等多种，玉带钩是其中较为珍贵的一类。在已发现的良渚文化墓葬中，出土了一类短而宽的玉质钩形器，正面投影呈长方形，两端下卷，一端有两侧对钻而成的圆孔，一端卷成弯钩形。据此有研究者认为，该钩状物就是玉带钩的初始形态。但是，由于无法确知良渚时期的衣冠服饰及用玉制度、佩玉习俗，加之至今又未能发现良渚文化之后至西周时期的带钩实物，春秋之际的带钩与上述短而宽的钩形器形制差别较大，因而良渚文化中的此类玉器是否就是后世的玉带钩，尚难以作出确切的结论。目前所见的早期成熟形态的玉带钩始见于战国，这类带钩不仅已具备了钩首、钩身、钩钮三部分完整结构，而且其分布区域也具有一定的广泛性。（见图 1-13）

金银错带钩　　黄金嵌玉带钩　　包金嵌玉银带钩　　金银错铲形带钩　　嵌宝螭龙纹带钩

图 1-13　战国时期的带钩

佩绶　　佩绶是用丝绳和玉珠编成的佩饰物，主要用来区分等级和地位高低。由于秦汉之际的官服上衣色款相同，仅凭衣着是不能区分等级的，而冠的区分又不十分详细，所以佩绶就承担起了区别官职的作用。

绶是官印上的绦带，又称"印绶"。汉代规定，官员平时在外，必须将官印装在腰间的鞶囊里，将绶带垂在外边。在办理公事时，认官印、绶带重于认人。这种做法被以后各朝各代所沿袭，成为我国古代官制文化的一个特点。

佩绶的佩戴方法有二：一为垂，其方法是系于腰间，或正或侧；二为盛，是以鞶囊盛之。鞶囊有金、银钩挂于带旁，故又称"旁囊"。武将的囊上绣有虎头纹样，又叫作"虎头绶囊"。佩绶因佩带者身份有异，在尺寸、颜色和织法上

都有明显的不同。据文献记载：汉代皇帝佩黄赤绶，长约 10 米；诸侯、王佩赤绶，长约 7 米；公、侯、将军佩紫绶，长约 5.6 米。地位越低微，官职越小，绶的尺寸越短，颜色也各不相同。后来，绶演变成为悬挂在身后的矩形织物，这种外形和佩带方式直至明代都无重大变化。

佩剑　剑为古之短兵，其身双刃，端尖为锋，既可横斩，又能直刺，还可投击，应用十分广泛。几千年来，在古战场上，近身格斗，几乎处处都有剑光闪烁，即所谓"刀光剑影"。传说，剑为上古时蚩尤或黄帝所造。《管子·数地》曰："葛卢之山发而出水，金从之，蚩尤受而制之，以为剑铠矛戟。"从出土的西周早期的剑的形制中可以推测，佩剑最初可能亦源于北方草原部落的习俗。在生产力水平极其低下的情况下，他们逐水草而居，必须随身携带生活必需品，而短剑不仅能充当刀具供日常使用，还可以防身，因此成为其随身佩带之物。如果说西周贵族一般意义上的佩剑源于北方草原部落，那么吴越贵族对佩剑的极力推崇则对佩剑的兴起起到了推波助澜的作用。所以说，佩剑习俗应由实用发展而来。因其便于携带，在战事中有较强的杀伤力，因而上层贵族也把它作为炫耀身份地位的佩饰，并在礼仪中大大提高了其地位。

春秋时代"季札挂剑"的故事，就蕴含了佩剑的很多文化内容。据《史记·吴太伯世家》记载，公元前 544 年，吴国公子季札出使中原，途经徐国（今安徽泗县北）。徐君见了季札的佩剑，很是羡慕。季札虽想送给他，但考虑到出使之需，当时就没有送出。事毕返归，重经徐国，而徐君已死，季札就把剑挂在徐君墓旁的树上离去。这则故事在称颂古代君子之间诚信友谊的同时，也反映出佩剑在当时是出使时必备的佩饰。其华贵的装饰，一则表明佩带者身份的高贵，二则在当时亦可能作为出使别国的一种凭证或信物。

从古墓葬的陪葬情况来看，佩剑由最初的铜剑发展为后来的铁长剑，形制亦有很大的区别。在佩带位置上，一般出土的剑多置于墓主腰身左侧，少数放在右侧或腹部。由于佩剑者的身份不同，剑的装饰也是繁简各异，而官阶地位

的不同主要表现在剑带和剑鞘的装饰上。

佩剑的风尚在春秋战国时就比较盛行，至汉代仍然有佩剑之风。《晋书·舆服志》说："汉制，自天子至于百官，无不佩剑，其后惟朝带剑。"《后汉书·舆服志》注引臣昭案："自天子至于庶人，咸皆带剑。"但至西汉后期，特别是魏晋以后，剑突然减少，虽然作为传统兵器一直流传，但是其普及程度远不如后来居上的环首刀。这种情况缘自铁制铠甲的大量使用。剑的优点在于以剑锋击刺皮甲，但是随着铁器的发展，铁甲以坚硬且有韧性的优势逐渐取代了皮甲，剑如遇铁甲，其弱点就暴露无遗了，所以人们很快就弃剑而改用刀。文物发掘的统计证实，东汉以后的历朝墓葬中，基本没有发现佩剑实物。

至隋唐时期佩剑之风再度盛行。《隋书·礼仪志六》载："一品，玉器剑，佩山玄玉。二品，金装剑，佩水苍玉。三品及开国子男……银装剑，佩水苍玉。侍中已下，通直郎已上，陪位则像剑。带直剑者，入宗庙及升殿，若在仗内，皆解剑。一品散郡公、开国公侯伯，皆双佩。二品、三品及开国子男、五等散品名号侯，皆只佩。绶亦如之。"唐代佩剑最盛，文人墨客常将佩剑视为饰物，用以抒发凌云壮志或表现尚武英姿。

从两宋开始，只有将帅才能佩带剑，士兵中一般不再装备剑。元代以后，剑更是逐渐成为皇室显贵的玩物，在装饰上总是极尽奢侈。清朝时，剑的名称也发生了变化，人们若提到剑，习惯上都要加一"宝"字。这说明，在清代，剑已丧失了兵器的性质，往往只有在阅兵、庆典等重要的场合，才当作仪仗、权威的物品使用。佩剑作为服饰的功能也渐渐衰去。

簪笔　簪笔也是始自汉代的一种佩饰制度，后世多有继承。官吏上朝奏事必须先书写在笏板上，皇帝的旨意或议事的结果也需书于笏板上以备忘。《晋书·舆服制》记载："笏者，有事则书之，故常墨笔，今之白笔是其遗象。三台五省二品文官簪之，王、公、侯、伯、子、男、卿尹及武官不簪，加内侍卫者乃簪之。"官员需要随身携带笔，但是没有地方搁置笔，于是插于头上耳边一侧的冠内，

这叫作"簪笔"。出于实用的考虑,簪笔后来形成制度,但仅限于御史或文官使用。

唐宋时期,官员上朝时还有簪白笔与持笏板的规定。簪白笔之制即在冠上簪以白笔,笔杆为竹制,裹以绯罗,用丝作毫,拓以银镂叶而插于冠后。早先簪笔是为奏不法官吏之用,官员见到有不法者就立即着笔奏告,演变到宋代其已成为七品以上文官的身份象征了。

笏板　笏板也是古制的遗迹,古时贵贱皆可执笏,笏的作用在于有事书于笏板以备忘,与簪笔还有些连带关系。但至宋代,笏板也成为官员的身份象征和装饰。宋代着绯袍的高官用象牙笏,着绿袍的低级官员用槐木作笏板。笏板之形,宋初短而厚,至皇祐年间(1049～1054年)变得极大而薄,其形也由直而向后微曲。(见图1-14)时至清代,品官不再执笏。至此,大臣执笏的制度被废除。

图1-14　司马光执笏板像

袍带　袍带就是系在公服上的腰带,用皮革制成,带上有饰片。唐制:三品以上得有十三块金玉质带,四品有十一块金补,五品有十块金,六至七品有九块银,八至九品有八块石补。腰带上还垂挂着可以系挂各种小件物品的小带子,称"蹀躞"。《唐会要》记载,唐代文武官员都佩带"七事",即佩刀、刀子、砺石、火石袋、算袋、契苾真、针筒等,这些都是垂挂在蹀躞上的。盛唐以后,几乎不再于革带上系蹀躞,而是只保留了带銙。带銙有玉、金、银、铜、铁等不同质地,以玉銙最为尊贵。唐代玉銙有素面的,有雕琢人物、动物纹样的。銙带下面开出可直接挂蹀躞带的扁孔,称为"古眼",这是盛唐后期的形式。唐代张佑《观杭州柘枝》有诗云"红罨画衫缠腕出,碧排方胯背腰来",就说明玉銙露在背后的情况。玉銙紧密地排在革带上称"排方",稀疏排列的称"稀方"。

宋代腰间所束革带仍然是一种标志等级的附件,其材料、做工、装饰都很

图1-15 岳飞像

考究，由鞓、銙、扣及铊尾组成。鞓即带身，分前、后两条，用皮革制成。除此之外，带鞓上所装饰的材料因服用者的身份不同而有所差别，最常见的是黑鞓带与红鞓带。黑鞓是承唐旧制的产物，因革带上缠裹黑绫绢，由此而得名。唐末五代时，帝王开始流行在革鞓外缠裹红绫绢，此风传至宋，逐渐为更多的官员所接受，而红鞓也成为宋代金、玉、犀带的带身，为带中上品。（见图1-15）

除用鞓来区分之外，带还可以用带銙来分类，上文所说的金、玉、犀带就是以带銙区分的。在宋代，在带鞓的颜色、材料一致的情况下，常以带銙的材料作为分类的标志，而带銙的制作、质料和排列都有一定的制度。如玉带只能与朝服相配，犀带只能由有官职者用，而犀带须奉旨才能使用。再如玉带銙作方形密排者，叫"排方玉带"，只能由帝王使用。

至清代，官服的腰带较之前朝区分得更加细致，有朝服带、吉服带、常服带、行带。带本身用丝织，上嵌各种宝石，有带扣和环。带扣都用金、银、铜、玉、翡翠环，左、右各一，用来系巾、刀、荷包等物。除朝服带在版饰及版形的方圆上有定制外，其余三种带版饰上随所宜而定。如皇帝的朝服带，为明黄色，龙纹金圆或方版皿，上饰红或蓝宝石、绿松石，每版有东珠5颗，围以珍珠20颗，左右佩巾，淡蓝及白各一，佩囊条用明黄色。皇帝之下依此制而递减。可见，一带之微，所饰珠宝玉石耗费之巨。

鱼符 鱼符最初源于盛行于战国秦汉时期发兵用的铜虎符。至唐初，改为银兔符，后又以鲤鱼为符瑞，遂为鱼符以佩之。刻书其上，剖而分执之，两相符合

为凭信，谓之"鱼符"，亦名"鱼契"。因为鱼符是进宫上朝的"通行证"，故本人调职、致仕（退休）或亡殁，照例都要上交。武则天称帝时，一度将鱼符改为龟符，盛装鱼符的袋子称为"鱼袋"，三品以上穿紫色公服者佩金鱼袋（以金饰袋），四、五品穿绯色公服者配银鱼袋（以银饰袋）。唐代诗人李商隐《为有》诗曰："为有云屏无限娇，凤城寒尽怕春宵。无端嫁得金龟婿，辜负香衾事早朝。"写一贵族女子在冬去春来之时，埋怨身居高官的丈夫因为要赴早朝而辜负了一刻千金的春宵。金龟既可指用金制成的龟符，还可指以金作饰的龟袋。但无论所指为何，均是亲王或三品以上官员所戴，故后世遂以"金龟婿"代指身份高贵的女婿。

宋代的官服基本上沿袭唐代，公服朱紫者都可以加佩鱼袋。在制式上，与唐代鱼袋不同，宋代的鱼袋主要是在袋上用金、银饰为鱼形，然后佩在公服上，系挂在革带间而垂之于后，用以分别贵贱。在宋代，被皇帝赐以金紫或银绯鱼袋，是官员的荣耀。另外，品级低的官员接受出使、外任等差事者，可借紫、借绯，满20年后，可改赐服色。不过无论"借"还是"赐"，都要在鱼袋前标明。

清代为满族人所建立，与以往少数民族统治者入主中原的举措不同，清代统治者更加重视确立新的服饰制度，他们在吸收汉族传统服饰制度长处的同时，更注意对本民族服饰特色的保存。在佩饰方面，除继承明代官员的公服佩饰外，还添加了花翎和朝珠等饰物。

翎子　清代官服之帽冠上有向后方下垂的一根孔雀翎羽，因孔雀翎尾端有像眼睛一样灿烂的一圈，所以也被称为"花翎"。（见图1-16）根据"眼"的多少，花翎有单眼花翎、双眼花翎、三眼花翎之别。没有眼的叫作"蓝翎"。花翎通常以三眼最为尊贵，史籍中也有四、五眼花翎的记载，但这种情况凤毛麟角，文武大臣还是以能被赐佩戴三眼花翎为荣。有清一代，汉族官员中只有李鸿章一人得

图1-16　暖帽

此殊荣，曾国藩也只得过两眼花翎。翎羽通常插在翎管里，翎管是一根中空的圆柱，长仅3～4厘米，用玉、珐琅或花瓷制作而成。

朝珠　朝珠是清代官服上的装饰，由各种玉石穿缀而成，由身子、佛头、背云、大坠、纪念、坠角六个部分组成。108颗中型圆珠叫作"身子"；在身子中间每隔27颗中型圆珠就有一个大型圆珠，这样的大型圆珠叫作"佛头"；4颗佛头中有一颗三眼的，跟三眼佛头连在一起的葫芦叫作"佛头嘴"；与垂于胸前正中的一粒佛头相对的一颗大珠为"佛头塔"；出佛头塔缀黄绦，中穿背云，末端坠一葫芦形佛头嘴。背云和佛头嘴皆置于背后。在三眼佛头和两边的佛头之间，一边系有两串小型圆珠，一边系有一串小型圆珠，这三串小型圆珠叫作"纪念"，或称为"三台"①。纪念每串有10颗圆珠，分两节；纪念头上的坠形玉石叫"坠角"。背云多是用金银镶嵌着，坠角总是用金银帽衔着。背云和大坠垂在背后，前后左右各有一佛头，最下垂一佛头。

清代服饰制度规定，自王公以下，文职五品、武职四品以上，自公主、福晋以下，五品命妇以上，及京堂翰詹、科道、侍卫，均可戴朝珠。不过，朝珠的材质、数量和装饰因佩戴者身份的不同而有所差异。比如，皇帝朝珠用东珠，祭天以青金石为饰，祀地用蜜铂珠，朝日用珊瑚珠，夕月用绿松石珠，明黄绦。皇后、皇太后朝服用朝珠三盘，东珠一、珊瑚二，吉服朝珠一盘，均明黄绦。皇贵妃、贵妃、妃朝服用朝珠三盘，蜜珀一、珊瑚二，吉服朝珠一盘，均明黄绦。（见图1–17）皇子、亲王、亲王世子、郡王，朝珠不得用东珠，余随所用，金黄绦。再如朝珠的佩戴，男女也是有别的，主要区别在于纪念。纪念是指朝珠两旁另附的小珠，共三串，一边一串，另一边两串。两串在左、一串在后为男式朝珠，两串在右、一串在左为女式朝珠，两者不能颠倒。朝珠最多可挂三串。

---

① 三台：当时称尚书为"中台"，御史为"宪台"，言官为"外台"。又一说天子有"三台"，即观天象的灵台、观四时施化的时台、观鸟兽鱼龟的囿台。

朝珠是权贵的象征，清制规定，一般人禁止佩戴。但清中后期，接近内廷的小官也可佩戴朝珠。有资格戴朝珠的人一般不只拥有一盘，因而在当时朝珠成为最畅销的商品。

和服装一样，佩饰的作用在于美观并标志地位。佩饰之物，多因出自皇家而华贵，因出自官家而雅致，因其繁而富丽，又因其简而实用，在历代因革之间，仿佛都曾出现过"牡丹芍药蔷薇朵，都向千官帽上开"的胜景。人们在追求美丽、向往崇高、展示权威的过程中不断展示着佩饰的美好，完善着佩饰的功能。而

图1-17 慧贤皇贵妃像

今，有些配饰已经不复有实际功能，转而成为可以被收藏、被品评、被玩味的艺术品，也有些依然作为承载千年文明的物化载体，被佩戴、被欣赏，继续装饰着人们的生活，充实着人们的精神。

五、十二章纹

"十二纹"章是中国古代帝王、王公、百官服饰上所绣绘的图案，因其用五种颜色绘绣十二种图像而得名，是冕服最为醒目的特点之一。"章"，在这里特指绘画或刺绣上的花纹和色彩。《左传·定公十年》即曰："中国有礼仪之大，故称夏；有章服之美，谓之华。"中国古称"华夏"，是依于衣冠华美而得名，尤以冕服采章之美为最。

冕服绣章纹始于夏商，成制于西周，以区别身份等级。按《周礼·春官·大行人》的记载，上公冕服九章，诸侯冕服七章，诸子冕服五章。对玄衣纁裳的章纹的最早记载见于《尚书·益稷》。其辞曰："予欲观古人之象，日、月、星、辰、山、龙、华虫作会，宗彝、藻、火、粉米、黼、黻绨绣，以五采彰施于五色作服。

汝明。"具体差别为：

大裘冕：王祀昊天上帝的礼服。为冕与中单、大裘、玄衣、纁裳配套。玄衣之上绘日、月、星辰、山、龙、华虫六章花纹，纁裳绣藻、火、粉米、宗彝、黼、黻六章花纹，共十二章。

衮冕：王之吉服。为冕与中单、玄衣、纁裳配套，上衣绘龙、山、华虫、火、宗彝五章花纹，下裳绣藻、粉米、黼、黻四章花纹，共九章。（见图1-2）

鷩冕：王祭先公与飨射的礼服。与中单、玄衣、纁裳配套，上衣绘华虫、火、宗彝三章花纹，下裳绣藻、粉米、黼、黻四章花纹，共七章。（见图1-3）

毳冕：王祀望山川的礼服。与中单、玄衣、纁裳配套，玄衣绘宗彝、藻、粉米三章花纹，纁裳绣黼、黻二章花纹，共五章。（见图1-4）

希冕：王祭社稷、先王的礼服。希是绣的意思，故上、下均用绣。与中单、玄衣、纁裳配套，玄衣绣粉米花纹，纁裳绣黼、黻二章花纹。

玄冕：王祭群小，即祀林泽坟衍四方百物的礼服。与中单、玄衣、纁裳配套，玄衣不加章饰，纁裳绣黻一章花纹。

如上所述，等级分明的冠冕之服的差异大多集中在章上。章，又称"纹章"，其实就是十二种图案。日，即太阳，太阳当中常绘有乌鸦，这是汉代以后太阳纹的一般图案，取材于"日中有乌""后羿射日"等一系列神话传说。月，即月亮，月亮当中常绘有蟾蜍或白兔，这是汉代以后月亮纹的一般图案，取材于"嫦娥奔月"等优美的神话传说。星，即天上的星宿，常以几个小圆圈表示，星与星之间以线相连，组成一个星宿。山，即群山，为群山形。龙，为龙形。华虫，按唐经学家孔颖达在《礼记·王制》中的解释，为雉。雉是鸟类，其颈毛及尾似蛇，兼有细毛似兽。宗彝，即宗庙彝器，作"尊"形。藻，即水藻，为水草形。火，即火焰，为火焰形。粉米，即白米，为米粒形。黼，是黑白相次的斧形，刃白身黑。黻，是黑青相次的"亚"形。"十二章纹"结构严谨，寓意深远，既寓有古人对自然的崇敬，也有在与自然相适应的过程中文化的传承，更有自我意识的彰显。

　　"十二章纹"虽最初来源于古代华夏族部落的图腾崇拜与日常生活，但在东汉以后，儒家经典对"十二章纹"的内涵不断进行理论上的阐释，将服装的审美、象征意念与儒家的政治伦理观念及神学观念融为一体。每一纹章都有独特的意义。日、月、星辰代表三光照耀，象征着帝王皇恩浩荡，普照四方。山，代表着稳重的性格，象征帝王能治理四方水土。龙，是一种神兽，变化多端，象征帝王善于审时度势地治国理民。华虫，通常为一只雉鸡，象征帝王要"文采昭著"。宗彝，是古代祭祀的一种器物，通常是一对，绣虎纹和蜼纹，象征帝王忠、孝的美德。藻，则象征帝王冰清玉洁的品行。火，象征帝王处理政务光明磊落，火燃烧时熊熊向上，也寓有率土群黎向归上命之意。粉米，象征着皇帝要重视农桑，涵养人民。黼，象征皇帝做事干练果敢。黻，代表着帝王明辨是非、知错就改的美德。

　　刘秀建立东汉，兴明堂，立辟雍，复兴旧制。到汉明帝永平二年（59年），诏有司博采《周官》《礼记》《尚书》等史籍，制定了详细的祭祀服饰及朝服制度。至此，作为国家礼仪制度中的一个重要组成部分，章服制度才真正确立下来。《后汉书·舆服志下》记载了其具体内容："天子、三公、九卿……祀天地明堂，皆冠旒冕，衣裳玄上纁下。乘舆备文，日月星辰十二章，三公、诸侯用山龙九章，九卿以下用华虫七章，皆备五采。"从此以后直到明清，"十二章纹"作为帝王百官的服饰，一直沿用了近2000年。（见图1-18）

　　冕服在汉时用于春祭、祀岁首、天地等。冕冠的变化体现了汉、周章服制度的最大不同，而玄衣纁裳制则被完全保留了下来。

　　"十二章纹"之制自东汉确立之后，历朝历代都把它作为国家舆服制度的一个重要组成部分。《晋书·舆服志》规定，皇帝郊祀天地、明堂、宗庙，元会临轩，其服装"衣画裳绣，十二章"，王公、卿助祭郊庙，王公衣九章，卿衣七章。南北朝时期，章服制度更趋烦琐，以后周为例，不仅不同等级的人有不同等级的章服，即使同一等级，不同用处的礼服也各有不同的章纹。《隋书·礼仪志六》中说，皇帝"祀昊天上帝"时用十二章，"享诸先帝"时用九章；诸公之服，或

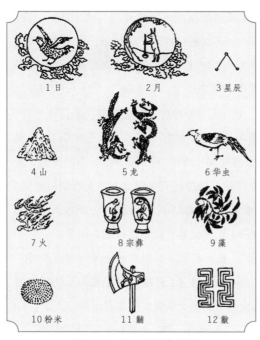

图1-18 "十二章纹"图样

用九章，或用八章、七章、六章。

隋代进一步规定了"十二章纹"在皇帝衮冕上的具体位置。据《隋书·礼仪志七》记载："于左右髆上为日月各一，当后领下而为星辰，又山、龙九物，各重行十二……衣质以玄，如山、龙、华虫、火、宗彝等，并织成为五物；裳质以纁，加藻、粉米、黼、黻之四。衣裳通数，此为九章，兼上三辰，而备十二也。"将日、月分列两肩，星辰列于后背，从此"肩挑日月，背负星辰"就成为历代皇帝冕服的既定款式。

六、玄衣纁裳

玄衣纁裳，是指冕服的形制为上衣下裳，通常上衣为玄色，下裳为纁色。也就是说，冕服包括青黑色的上衣和赤黄色的裙子，分别象征天和地的颜色。何谓"玄色"？即黑中带红的颜色，象征宇宙深奥莫测、恩德莫大，人们要对其感恩报德。玄衣纁裳就是冕服的主体。

上玄衣为交领右衽，大袖垂垂。交领右衽是汉服标准的领口式样，具体是指领子系向身体右边，方向不可以弄反，因为一些少数民族的服装是向左掩的，因此，"左衽"也就代指那些受异族统治的人。玄衣的袖口（又称"袂"）有装饰性缘边。上衣与下裳连接处以大带、革带相连。下纁裳前有韠（蔽膝），即为

从腰带垂下的衣物，因用于遮蔽膝盖而得名。裳下有裙裾。上衣与下裳无论从色彩、纹饰还是造型的结构来看，都体现了传统美学中富丽、大气的意境。

据古代文献记载，在不同的祭祀场合下，随祭者要根据自己的身份穿相应的冕服。冕服的差别集中在冠冕的旒数和玄衣缥裳的章纹种类及数量上。

从天子随祭的公侯伯子男，其冕服的冕旒数依天子之制而减，除大裘冕、衮冕是天子祭服而他人不能服用外，公用减等的鷩、毳、絺、玄各冕，侯伯用减等的毳、絺、玄各冕服，子男用减等的絺、玄冕服，卿大夫用减等的玄冕。

"冠冕之服"作为一种特殊的社会物化语汇和政治文化标记，在社会政治生活中具有很强的指向性和教化功能，因此历代统治者十分注重对冠冕服制的规定。"二十四史"的《舆服志》（或称《车服志》）及其他史籍中，均有关于历代服饰的详尽描述。

虽然历代都有关于冠冕方面的规定，但在战国时期（或以前），许多礼仪还是空白的。"秦以战国即天子位，灭去礼学，郊祀之服皆以祠玄。"[①]西汉建立以后，沿革秦朝制度。汉高祖刘邦时，大儒叔孙通奉命制朝仪，撰《汉礼器制度》，明文记述了弁冕的长短，但并未详记衮冕的规格和形制。例如，汉初祭祀所带冕冠，一律是刘邦做亭长时所戴的竹皮弁冠。直到西汉末年，王莽拜受衮冕衣裳和皮弁素积，西汉的冕服制度才初见端倪。也就是说，西汉一代并没有形成详细的章服制度。

唐因隋旧制，初无新意。至显庆元年（656年），高宗采纳长孙无忌的建议，废除了形制呆板的大裘冕（夏季行祭礼穿羊羔皮衣，不合时宜且于皇帝的身体无益），衮冕取代大裘冕成为天子祭服中最隆重的祭礼之服。对衮冕的重视也影响了衮冕之后的其他四冕，在开元二十年（732年）重新制定的《开元新礼》中，关于冕服的名目和形制并无大的变异，鷩、毳、絺、元四冕只是徒有虚名，在实用中皆以衮冕代替。

宋代崇尚礼制，在恢复古制的基础上，利用两宋发达的经济技术对冕服进行了很多细节上的修改。冕服所用材料也更精致，配饰、花纹也有所增加。

① （宋）范晔：《后汉书·舆服下》。

　　辽、金、元三代均非传统意义上的中原民族，因此这三代都对古制有所减损。辽大抵依唐宋旧制，金代不循古制而重加修饰，元代冕服则仅限于天子及皇太子，其他群臣不设冕服之制。元代皇帝冕服有衮冕、衮龙服、裳、中单。衮冕，用漆纱制成，冕上覆綖，青表朱里。綖的四周环绕云龙。冠口以珍珠萦绕。綖的前、后各有 12 旒，綖的左、右系黈纩二，"冠之口围，綖以珍珠"①，綖上横天河带，左右至地。这实际上是参照了先秦的典章制度，对古代君王冕冠加以适当改造。衮龙服，是用青罗制成的，饰有日、月、星等章纹。这和唐、宋衮服比较起来，略有简化。裳，是用绯罗制成的，其状如裙，饰有纹绣，共 16 行，每行绣有藻、粉米等章纹。中单，是祭服、朝服的内衣，以白纱制成，大红边饰。皇帝的衣料，色彩鲜明，除了华丽的纳石失②，还有外来的细毛织物速失、紫貂、银貂、白狐、玄狐等皮毛。元代丝织多为缕金织物，这是这一时期衮服的最大特点。

　　明代摒弃了蒙元少数民族服制，全面恢复了汉族服饰的特点。由于纺织技术有了很大的提高，因此，明代章服衣冠更趋豪奢，文化内涵也更加丰富。《明史·舆服志二》记载，洪武十六年（1383 年），明文规定了章服之制，皇帝衮冕"玄衣黄裳，十二章，日、月、星辰、山、龙、华虫六章织于衣，宗彝、藻、火、粉米、黼、黻六章绣于裳"。

　　清代统治者为了强化异族统治，首先对衮服作了较大改变，"峨冠博带"被"箭袖马褂"所取代。其间，乾隆帝也曾试图引进汉人传统的冕服，流露出对汉族传统礼服威仪的倾心，但最终还是恪遵祖训，未能改用冕服之制。传统的祭服制度只有"十二章纹"被保留下来，"日、月、星、辰、山、龙、华、虫、黼、黻在衣，宗彝、藻火、粉米在裳，间以五色云"，皇帝的龙袍也"列十二章"。

　　近代以来，随着西方文化的不断渗透，冕服这种象征帝王至尊的服饰也随着帝制的结束而退出了历史舞台。

---

①（明）宋濂：《元史·舆服志一》。

② 纳石失：元代贵族用的一种金锦，在纱、罗、绫上织金线而成。如《元史·舆服志一》："玉环绶，制以纳石失。"

第二章
日常衣裳

日常衣裳是指前章所述冕服、朝服、公服之外的非官方服饰，即普通民众的日常着装及官员们的燕居之服。较之官服，日常衣裳的象征性、标志性意蕴有所减弱，实用性功能明显，它们少了官服的威严端庄之势，却多了灵巧多变、质朴自然之美。拂去历史的尘埃，穿越时空的隧道，展现在我们面前的是最为生动的生活场景，在井田之上，在庙堂之下，在家居之内，人们在寻常间演绎出更加斑斓多彩的服饰发展史。

具体而言，日常衣裳包括人们平日所穿的深衣、袍、衫、袄、裲裆、半臂、背子、裤子、短褐等。日常衣裳的演变过程，既是纺织技术发展的结果，也是文化进步和民族融合的见证。本章所述日常衣裳，主要以男性服饰为主，女性服饰的变化虽然比较复杂，但其基本形式和发展轨迹与男性服装大致相同。

沿着历史发展脉络来看，虽然每一个时代都有自己独特的衣裳形制，但象征着天地秩序的上衣下裳始终是中国古代服饰的主流。在这一基本形制的基础上，又发展出一些新的样式。如裲裆、褙子等，是对上衣的袖子进行了修改而成的，使衣袖或长或短，或有或无。而上下连属的深衣长袍，虽出现稍晚，但也一直不断被改进，发展出长袍、短袍、袍衫、棉袄等。

上衣下裳和深衣长袍虽然是两种不同的衣裳形制，但二者也有共同特点，这集中体现在领子与衣襟上。古衣的领子极少有立领和翻领，最常见的是交领，交领即衣领直连左、右襟，衣襟在胸前交叉，领子也随之相交，故名"交领"；其次是直领，即领子从颈后分左右绕到胸前，然后平行地垂直而下；自隋唐开始又盛行圆领，经五代、宋、元、明一直延续至今，并影响了日本、朝鲜等国。不管领子的形制如何变化，服装的大襟一般都为右衽，即衣襟左、右两片在胸前加宽加大，两襟相重叠，左襟在外压住右襟。因此，"束发右衽"就成为汉民族服饰的基本特点，与少数民族"披发左衽"的服饰形制形成鲜明的对比。"披发左衽"一词来源于《论语·宪问》。孔子在称赞管仲时说："管仲相桓公，霸诸侯，一匡天下，民到于今受其赐。微管仲，吾其被发左衽矣。"意思是说，如

果不是管仲的才能，孔子生长的地方就将处在少数民族的统治之下。唐代诗人刘景复在《梦为吴泰伯作胜儿歌》中也说："麻衣右衽皆汉民，不省胡尘暂蓬勃。"此后，人们常以"披发左衽"来代指异族入主中原，华夏政权陆沉。

伴随着社会的发展与进步，以及自然环境、社会环境、人文环境的变化，类属于上衣下裳和深衣长袍这两种基本形制的一些服饰也悄然进行着改变，甚至被人为地戗灭于岁月的演进之中。例如"汉服胡化"的人文借鉴，再如1644年"剃发易服"的强制性大变革，使得宽衣大袖最终被窄衣箭袖所取代。

一、深　衣

深衣，因"被体深邃"而得名，具体是指将衣、裳连在一起裹住身体，但要分开裁剪，然后上下缝合。穿着特点是：上衣和下裳相连，用不同色彩的布料缘边，称为"衣缘"或"纯"，衣襟右掩，下摆不开衩，将衣襟接长，向后拥掩，垂及踝部，使身体深藏不露，给人以雍容典雅之感。《礼记》郑玄注曰："深衣，连衣裳而纯之以采者。"吕思勉认为："深衣者，古上下之通服也。"[1]

由于深衣便于穿着而在春秋时期被逐渐接受，《礼记·玉藻》中就有"朝玄端，夕深衣"的记载。可见，那时候深衣只是诸侯、大夫、士人晚间燕居时所穿之衣。但是，随着深衣的普及，其逐渐成为朝祭之外的士人的吉服。

1. 春秋战国至秦汉

曲裾深衣、直裾深衣是春秋战国到秦汉时期深衣的两种主要款式。

曲裾深衣　从春秋战国到秦汉时期，曲裾深衣一直是深衣的主流款式。制作时将下裳裁成 12 片，宽头在下，窄头在上，通称"衽"，接续其衽而钩其旁边。穿曲裾深衣时，前襟向后身围裹，绕至身后，形成三角形，再用带系结，就能

---

① 吕思勉：《中国制度史》，上海世纪出版集团、上海教育出版社 2002 年版，第 176 页。

很好地固定曲裾。曲裾深衣下摆增大呈喇叭状，衣长曳地，行不露足，从背后看上去好像一个燕尾，这样既便于举步，又无露体之虞。曲裾深衣取横线与斜线的空间互补，获得静中有动和动中有静的装饰效果，而且与上衣下裳制相比，穿着要简便得多，也更加适体。其实，曲裾深衣只是一个笼统的说法，它的造型是千变万化的。由于传统服饰没有近代服饰精确的量裁方法，因此在测量和

穿大袖绕襟曲裾深衣的青铜人像（战国）　　穿绕襟深衣的陶俑（西汉）

图 2-1　汉代曲裾服图

制作时很难做到十分精确。曲裾深衣的右衽斜领领口一般很低，能露出其内的里衣衣领，因而又得名"三重衣"。曲裾深衣的袖子有宽、窄两种，袖口都要镶边。在汉代，曲裾深衣不仅男子可穿，同时也是女服中最为常见的一种服式。从资料中可以看到，这一时期的服饰多是镶宽边、下身缠绕式的肥大衣服。（见图 2-1）

曲裾深衣的衣料比较轻薄，为了防止薄衣缠身，人们采用平挺的锦类织物镶边，边上再装饰云纹图案，即"衣作绣，锦为沿"[①]，将实用与审美巧妙地结合起来。这些构思与制作方法都充分体现了古人设计的智慧。

直裾深衣　与曲裾深衣不同，直裾深衣的下摆部分垂直剪裁，衣裾在身侧或侧后方，没有缝在衣上的系带，由布质或皮革质腰带固定。（见图 2-2）这种服饰早在西汉时就已出现，但不是正式的礼服。原因是古代裤子皆无裤裆，仅有两条裤腿套在膝部，用带子系于腰间。这种无裆的裤子穿在里面，如果不用外衣掩住，裤子就会外露，这被认为是不恭敬的事情，所以外面要穿曲

① 沈从文：《沈从文全集·物质文化史》，北岳文艺出版社 2002 年版，第 180 页。

裾深衣。随着有裆的裤子的出现，盛行于先秦及西汉前期的绕襟曲裾已属多余，本着经济胜过美观的原则，至东汉以后，直裾深衣逐渐普及，成为深衣的主要样式。

2. 三国两晋隋唐时期

随着时代的发展，深衣的款式也在发生着丰富的变化。在曲裾深衣和直裾深衣这两种基本款式的基础上，三国南北朝时期以及唐代出现了杂裾深衣，到宋代又发展出朱子深衣。

杂裾深衣　杂裾深衣流行于魏晋南北朝时期。这一时期，虽然在妇女中间仍有人穿着传统的深衣，但其已不被男子采用。与汉代深衣有很大的不同，

图 2-2　穿直裾服的男子
（汉画像石）

杂裾深衣是将下摆裁剪成许多三角形物，层层交叠，下面再垂上长长的飘带。由于飘带拖得比较长，走起路来，如燕子飞舞，轻盈飘逸。到南北朝时，这种服饰又有了变化，去掉了曳地的飘带，而将尖角的"燕尾"加长，使两者合为一体。

朱子深衣　朱子深衣是宋代名儒朱熹对《礼记·深衣》所记载的深衣进行改造而成的一种深衣，故名。其结构特点为：直领（没有续衽，类似对襟）而穿为交领，下身有裳12幅，裳幅皆呈梯形。朱子深衣多用于祭祀等场合。这种

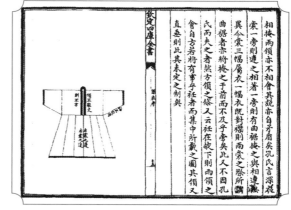

图 2-3　《朱子家礼·深衣图》书影

深衣的影响很大，日、韩服饰中有部分礼服就是在朱子深衣的基础上制作的。（见图 2-3）

以上四种深衣的形制，象征着"天人合一"的世界观，以及恢宏大度、公平正直、包容万物的东方美德。具体体现在：先将上衣、下裳分裁，然后在腰部缝合，成为整长衣，以示尊祖承古；深衣的下裳以 12 幅裁片缝合，应合一年中的 12 个月，反映了古人崇敬天时的意识；深衣袖口宽大，象征天道圆融，若采用圆袖方领，则以示规矩，意为行事要合乎准则；垂直的背线以示做人要正直；水平的下摆线以示处事要公平；腰系大带，象征权衡。古人认为，在如此象征寓意之下，身穿深衣自然能体会天道之圆融、地道之方正。

二、袍　服

袍服是由深衣发展而来的。秦汉时期，内衣渐趋完善，特别是裤子，已有裤裆，这样深衣再用曲裾绕襟就没有必要了，所以人们采用了直裾——即衣襟相交至左胸后，垂直而下，直至下摆。这种直裾之服被称作"襜褕"。襜褕进一步发展，就成为袍。

从形制上看，袍服与深衣有很大的差异。深衣上、下分裁，效果相当于把上衣下裳连成一体；而袍服则不分上下，腰部没有断缝，实为一种长衣，基本失去了上衣下裳的意义。袍有长、短和棉、单之分。短袍又称为"襦"；单层的长衣称为"衫"；内里夹有丝绵、粗麻毛作絮的称为"袍"。一开始，袍服多为交领直裾，衣身宽博，衣长至踝，袖较肥阔，在袖口处收缩紧小，臂肘处形成圆弧状，称为"袂"，或称"牛胡"。"张袂成荫"一词即来源于此。领口、袖口处绣方格纹等，大襟斜领，衣襟开得很低，领口露出内衣，袍服下摆边缘饰花，或打一排密裥，或剪成月牙状。

袍起初是作为内衣穿着的。例如周时，穿袍必另加罩衣。战国以后，袍外

不必再套外衣，逐渐成为一种外服，并与深衣合流，统称为"袍"。从东汉开始，历经三国、两晋、南北朝、隋唐、五代，直至宋明时期，帝王百官的朝会之服一直采用袍制。

在不同的历史时期，袍的基本形制虽然没有大的改变，但仍然表现出一些差异。秦时，据五代马缟作《中华古今注》记载："秦始皇三品以上，绿袍深衣，庶人白袍，皆以绢为之。"秦袍以曲裾袍为多，袍体宽大，领缘较宽，绕襟旋转而下。后来，汉代的深衣制袍，唐代的圆领襕袍，明代的直身，都是典型的宽身长袍。穿着者多为知识分子及统治阶层，久而久之，穿袍在日常生活中成为一种风尚。因而袍服代表的是一种不事生产的上层人士及知识分子的清闲生活。宽衫大袍、褒衣博带逐渐成为中原地区服饰文明的一种象征。

图 2-4 穿曲裾袍服的
陶俑（西汉）

根据下摆的形状，袍服也可分成曲裾与直裾。曲裾，是具有三角形的前襟和圆弧形下摆的长衣，裙裾从领至腋下向后旋绕而成，类似于深衣。制作此服时，袍裾狭若燕尾，垂于侧后。（见图 2-4）汉代的袍、单衣大都是曲裾袍。直裾袍出现于西汉，盛行于东汉。由于直裾袍比曲裾袍更简便，因而深受官吏的喜爱，并逐渐替代了曲裾袍。一般男子多穿直裾袍。

魏晋士人喜欢穿宽大舒适的衣服。他们的喜好带动了整个社会的风尚，这时，无论穿袍还是着衫，皆褒衣博带，以宽大贴身为好，袍衫下不着裤，穿着随意简约。一般民众则上身穿袍服，下着裤装。

由于各民族之间的相互影响与融合，隋唐服装具有强烈的少数民族特色。对袍服影响最大的要属北方的胡族。这一时期的袍衣被称为"加襕袍"。所谓"加襕"，即在袍的膝部加襞积，使袍的一摆变阔，便于穿着者行动。加襕袍是汲

取了深衣上衣下裳的连属形制，再结合胡服窄袖、圆领的特点而形成的一种新的服装。

加襕袍为秋、冬季穿用，春、夏季则穿加襕衫。加襕衫无论贵族还是百姓都能穿，不过在服色的使用上有严格的规定。据《新唐书·车服志》记载："一命以黄，再命以黑，三命以缥，四命以绿，五命以紫。士服短褐，庶人以白。"以后又有三品以上服紫，五品以上服绯，六、七品服绿，八、九品服青，以及妇从夫色的规定。可见唐的加襕袍、衫主要以服色区别等第。

除此之外，还出现了一种缺胯袍。缺胯，盖指在袍衫两胯处开衩的形制。缺胯与加襕一样，是为了便于劳作、行动。因此，这种袍衫是庶民或仆役等社会下层百姓的服装。具体形制为圆领、窄袖、缺胯，衣长至膝下或及踝。穿此种袍衫者，一般里面穿小口裤，足穿短靿靴。劳作时，有人将袍子的角掖于腰带间，称之为"缚袍"。

宋明两代，男子上衣仍以袍、衫为主，与唐代不同，此时的袍服为改良过的圆领斜襟袍。

明代的袍服是从唐代的圆领袍衫发展而来的。明代公服、常服大多为高圆领、缺胯，宦官所穿衣裾两侧有插摆，多宽袖或大袖。平民所穿无插摆，为窄袖，但 60 岁以上的老者可穿大袖，袖长也可适当加长至出手挽回至离肘约 10 厘米处。官服可挽回至肘。

至清代，袍服虽然仍沿用此名，但形制已经发生了部分改变。明代以前的袍为领领、交领、对领和圆领，袍身宽肥，袖身舒展，衣身用带结。清朝的袍是旗袍。而平民、小贵族所着之袍，一般左右开衩或不开衩，当时称不开衩的小袍为"便装"。

清代的衫袍和前代的不同还表现在袍的种类上，有长袍、短袍和衬衫之别。清初，长袍长及脚髁，到甲午（1894 年）、庚子（1900 年）以后，长可覆足面，穿着时，往往要在其上加穿马褂或紧身短马甲，因此有"长袍马褂"之称。清

代长袍的材料常取御寒的厚料制作，袍体以宽大为尚，宽松的袖口可至 33 厘米。庚子年以后，由于受西方人西服灵便思想的影响，袍的样式也发生了改良，袍身变得紧窄，袖也只可容臂，特别时髦的款式形不掩臀，偶然一蹲，辄至破裂。正如《京华竹枝词》中所说："新式衣裳夸有根，极长极窄太难论。洋人着服图灵便，几见缠躬不可蹲。"① 这也是时髦男子学西服紧身合体以致东施效颦的结果。短袍为一般劳动者所穿，形制上没有发生多少变化，长不及膝，有的仅过腰，袍体多宽松适体，以便于劳作。

时至近代，鸦片战争之后，西方的坚船利炮打开了中国的大门，于是中国的近代社会出现了西装革履和长袍马褂并行不悖的独特景象。到 19 世纪 90 年代末，康梁维新派在变法运动中提出易服改制，公开提倡穿西装的好处。结果，维新短命，变法刚维持百日便宣告失败，康有为靠皇帝来推行断发易服的希望终成泡影。直到 1912 年制定了民国服饰制度，正式把官服分为大礼服和常礼服。至此，西装革履和长袍马褂并行不悖几乎成为制度而自行沿承下来。

就长袍而言，虽然在情感上容易被人们接受，而且也确实具有无拘无束的特点，但是穿长袍必然得走雅步，这无论如何是不适应现代生活的快节奏的。不过，在过渡阶段，特别是在近代社会中，工业发展缓慢，长袍和这种生产力之间不协调的关系短时间内还没有暴露出来，也就是因为这一点，长袍在 20 世纪四五十年代之前十分流行，几乎成了中国人最典型的装束。从款式上来说，长袍在二三百年间没有太大的变化，只不过剪裁和线条趋于简单明快。商人、知识分子身着长袍，头上往往带着西式礼帽。并行不悖的两种着装体现了时代的过渡性质，彰显出中西合璧的近代风采。

长袍本身虽然不具备阶级性，但它代表了一种长久未变的、旧的生活方式，

---

① （清）杨米人等著，路工编选：《清代北京竹枝词（十三种）》，北京古籍出版社 1982 年版，第 136 页。

逐渐被人们所摒弃，消失在岁月的演进之中。今天，我们还能在相声等曲艺舞台上见到长袍的模样，想见它当年的风采。

三、襦 袄

襦是上衣下裳中的上衣。在历史的演进之中，襦始终保持着最初的样式，仅衣身的长短宽窄时有变化。西汉史游《急就篇》颜师古注曰："长衣曰袍，下至足跗。短衣曰襦，自膝以上。"长襦衣摆长至大腿上部到膝之间，短襦衣摆长

图2-5　秦兵马俑（秦始皇陵兵马俑坑出土）

在腰至大腿上部之间。襦是单衣，无夹里，如有夹里或加絮就称为"袄"。所以也有人认为：单襦近乎衫，复襦则近袄。观察图2-5秦兵马俑形象，可知战国时期的襦是右衽交领、曲裾。高级军吏俑一般穿双层的长襦，中级以下一般武士则穿单襦。

除此之外，襦衣的衣领略有变化。除右衽交领之外，在秦始皇兵马俑坑出土的武士俑中，可以看到几款特殊的衣领形式，即交领的一边向外翻卷，

呈长三角、小三角、窄长条等多种形状，还有在内、外衣领之间饰以围领的。

既然襦本身就有长有短，为什么又说襦是短衣呢？这里的"短"是与深衣的"长"相对而言的。深衣是"连衣裳而纯之以采也"[1]，其具体的长度遵循"短毋见肤，长毋被土"的标准，一般长至踝部。因此与之相比，襦的确是短衣。

---

[1] 《礼记·深衣》郑玄注。

但是在古代文学作品中，一般只称"襦"，不分长短。如辛延年作《羽林郎》中有"长裙连理带，广袖合欢襦"的描述；《世说新语·夙惠》中也有"韩康伯数岁，家酷贫，至大寒，止得襦，母殷夫人自成之"的记载；而苏轼《喜雨亭记》中"使天而雨珠，寒者不得以为襦"，也没有将襦分长短。

春秋战国时期，襦为一般人（包括奴仆）平时所服，深衣（中衣、长衣）则是贵族上朝和祭祀时穿的，庶人也以深衣为礼服。襦身短小，适合于劳作，所以汉时襦通常是劳动人民的常服，穿襦时下身通常穿裤。汉代寻常男子的襦、单衣、裤为普通服装。穿襦裙的人在劳动时将裙撩起来掖在腰间，以便于劳动。穿襦裤的人，在劳动时也把裤脚撩起来。劳动者一般用麻做襦，老年人则需长襦（与袍相似）。到东汉时，民间开始流行穿长襦。

魏晋南北朝时期，由于长期分裂动荡，民族关系复杂，加之儒家的礼制名教受到冲击，衣裳冠履产生了很大的变化。晋代葛洪《抱朴子·讥惑》记载："日月改易，无复一定。乍长乍短，一广一狭，忽高忽卑，或粗或细。所饰无常，以同为快。"这时，传统的衣服形制受到否定，服饰出现了两个方面的变化：一是汉装的定式被打破；二是胡服元素被大量地吸收进汉人的服饰之中。不过这仅限于受胡服影响的北方，士庶男子着"短衣缚裤，腰束革带，外加套衣，头戴风帽，足着短靴"[1]，而在南方，受胡服的影响甚微，仍沿袭秦汉的服饰式样。

秦汉时期，服色以青、紫为贵，平民只能穿白色的衣服；而魏晋时期，由于经学的至尊地位受到冲击，儒家的冠服制的地位也发生了动摇，不仅服色尚白，而且服装的式样、穿法都突破了汉代的规矩，人们的打扮也常常标新立异：或科头跣足（露头光脚），或袒胸露乳背，或袍裙襦裤。

隋及唐初，襦较短小，窄袖，掖在裙腰内，多穿在里面。中唐以后，衫襦逐渐由紧窄向宽肥发展，以至文宗时不得不下诏限制襦袖，不得超过 1.5 尺（约

---

① 宋绍华、孙杰：《服装概论》，中国纺织出版社 2000 年版，第 16 页。

合0.5米）。由于受胡服影响，唐代还出现了翻领的襦袄。此时襦裙多由妇女穿着。衫襦的颜色一般为白、青、绯、绿、黄、红等。

时至宋代，北宋统治者一再强调衣着"务从简朴""不得奢侈"，具体式样上也要求"颈紧、腰紧、脚紧"。在统治者的大力提倡和理学纲常礼教的作用下，质朴、简洁、淡雅成为这一时期的审美风尚。此时的襦变窄变长，并且多为直领，被称为"旋袄"。（见图2-6）

图2-6 穿长袖襦的妇女（大足石刻·宝顶石刻）

襦、袄、袍三者日趋相似，袄近于襦，于是襦、袄的界限不再明显，被统称为"袄"。而长襦也因与袍形似而逐渐与袍合流，被统称为"袍"。（见图2-7）

随着袄的普及，其含义日益明确。袄多用作秋冬之服，常以厚实的织物为之，内有衬里，俗称"夹袄"。若在袄中絮上棉絮就称"棉袄"，在袄中絮以皮毛就称"皮袄"。而襦的名称也渐渐被遗忘了。

元代出现了一种特殊形式的袄——辫线袄，这一衣式既继承了中原地区袄的风格，又体现了蒙古族的特色。蒙古族男子辫线袄的样式为圆领、紧袖，下摆宽大，折有密裥，另在腰部缝以辫线制成的宽阔围腰，有的还钉有纽扣，俗称"腰线袄子"。辫线袄产生于金代，普及则在元代，最初可能是身份低卑的侍从和仪卫的服饰。后来穿辫线袄已不限于仪卫，尤

图2-7 穿袍、袄、裤的市民（宋·萧照《中兴瑞应图》局部）

其是在元代后期，一般"番邦""侍臣"等官吏也多穿此服。这种服饰一直沿袭到明代，不仅没有随着大规模的服制变易而被淘汰，反而成了上层官吏的装束，连皇帝、大臣都穿。

在明代，袄是普通百姓的服饰，它最突出的特点是前襟的纽扣代替了几千年来的带结。纽扣的使用体现着时代的进步，是中国传统服饰史上的一大变革。

襦裙作为汉服上衣下裳的基本形制，在清代"剃发易服"的变革之中因具有强烈的汉民族的特征而被强行废止。但襦的变化形式——袄，却因穿着舒适方便而被保留下来。袄有立领右衽大襟与立领对襟两种款式，与裤子相配，外束一条腰裙，是一般劳动人民的服装式样，并逐渐演化为立领、连肩袖、右大襟、开衩摆的形式。从20世纪初开始，男袄渐以对襟式为主。

四、裲裆

裲裆，又称"两裆""两当"，本为少数民族穿的一种无袖服装，先秦时就有此物。在不同时代和不同地域，裲裆又被称为"背心""坎肩""马甲"。此衣只有前、后身，其款式起源于战国时期军队中的两当甲（将在第八章作详细介绍），其作用在于一挡前胸，一挡后背，故称"两当"（裲裆）。为了防止甲片与身体产生摩擦，穿两当甲时往往要穿与其形状相同的衣衫作为衬里，称为"两当衫"。两当衫穿着方便，两臂都能露在外边，便于活动，又适合在春、夏、秋季热天中穿着，所以它很快在民间流行开来，成为军服影响平民衣着的一个典型例子。

裲裆在汉时多为妇女穿着的内衣，这种裲裆分前、后两片，很像今天的背心。妇女穿交领或直领上衣时，领口开得比较大，贴身穿一件裲裆，既保暖，又起遮蔽作用。

魏晋南北朝时期，裲裆有铁、绣、绵、夹等制，对后世的影响可谓深远。（见图2-8）《南史·柳元景传》记载："安都怒甚，乃脱兜鍪，解所带铠，唯着绛衲

图 2-8　穿裲裆衫的文吏俑
（河北省博物馆藏）

两当衫，马亦去具装，驰入贼阵。"这是关于战争中两当衫的描述。在民间，则如《晋书·舆服志》中所载："元康末，妇人衣出裲裆，加乎交领之上。"此时裲裆多为夹服，以丝绸为之或纳入棉絮。南梁王筠曾在《行路难》诗中写道："裲裆双心共一抹，复两边作八撮……胸前却月两相连，本照君心不见天。"[①]这又说明裲裆亦可穿在贴身之处。所以，这一时期，裲裆不仅男女都能穿，而且逐渐由内衣变成穿在外面的便服。

唐代，裲裆的样式发生了一些变化，即由原来的无袖发展成半袖。《新唐书·车服志》中说："裲裆之制：一当胸，一当背，短袖覆膊。"由此来看，裲裆在此时已经不再是背心的样式，应该是短袖之服。

至宋代，官方服饰中也有裲裆。如《宋史·仪卫志六》云："今详裲裆之制，其领连所覆膊胳，其一当左膊，其一当右膊，故谓之'起膊'，今请兼存两说择而用之，造裲裆，用当胸、当背之制。"宋代《清明上河图》《耕织图》中都有穿着裲裆的人物形象。这一时期，裲裆以直线裁成，呈长方形，对襟直领，衣身长至腰际，下摆两侧各开一衩，两襟之间不用搭襻，也无纽扣，穿着时任其敞开。

元明时期，裲裆通常作对襟或大襟，衣式上窄下宽，与宋代直通上下的长方形相异。具体款式上，大致可分为两类：一类是大襟交领，领缘宽阔，穿着时以带系结；另一类采用对襟圆领，领襟之缘狭窄，在襟部钓缀三道纤细的绢带，穿着时于胸前系结。如山东曲阜孔府收藏的一件裲裆，相传是明代衍圣公之物，

① （南朝梁）徐陵编，吴兆宜注：《玉台新咏》，中国书店 1986 年版，第 248～249 页。

对襟圆领，肋下开衩，在领襟、出手及下摆部分镶以红色缘边。

袜裆衫自产生之日起就一直发生着或大或小的变化。由少数民族服饰变为汉族服饰，由军队服饰变为百姓服饰，由外衣而至内衣，由背心而至短袖，再由短袖而至背心，由上层而下层，由无扣至有扣……种种变与不变，都根植于人们追求衣物的实用价值与简洁的穿着理念。

五、半　臂

半臂，顾名思义，就是半袖，由上襦演变而来。其袖长多处于臂肘间，其形制为合领、对襟，胸前结带，穿时加于衫之上，或穿于袍服之内，为春秋之服。

汉代半臂以妇女所穿者居多，通常被制成大襟交领，衣长至胯，袖长至肘，袖口宽博，并加以缘饰。魏晋南北朝时期，男子也习惯穿半臂，主要穿在襦衫外。

隋唐时期，半臂十分流行。据宋代高承《事物纪原》卷六引《实录》载："隋大业中，内官多服半臂，除却长袖也。唐高祖减其袖，谓之半臂……士人竞服。"唐代，男女都能穿半臂。这一时期，半臂的款式为对襟，衣式短小，长及腰际，两袖宽大而直，长不掩肘。唐代半臂有两种穿法：一种是罩在短襦之外，另一种是在半臂上加罩襦袄袍衫。（见图2-9）

穿半臂虽然没有禁忌，但根据人们社会地位和经济地位的不同，其质地、纹饰、色彩也略有不同。如隋炀帝宫人及官宦、贵族、母妻等，均以大红罗为料质，戚金飞凤为纹饰，而普通百姓是穿不起如此华丽的半臂的。

唐代生产力高度发达，纺织技术也有了较大的提高。此时，半臂主要以织锦为面料。锦的组织紧密，质地厚实，具有一定的御寒作用。同时，蹙金半臂也有实物出土，但其制作工艺至今还是个谜。蹙金绣采用的捻金线又称"圆金线"，在每米蚕丝线上缠绕金丝3000转。捻金线平均直径仅0.1毫米，最细处0.06毫米。目前，世界上最细的手工捻金线直径也达0.2毫米。唐代以后，半臂轻装饰而重

图 2-9 穿半臂的男子（唐·李重润墓壁画《臂鹰图》局部）

实用，除少数仍以织锦为之者外，大部分采用绫绢制成，内蓄棉絮，成为御寒之衣。

宋代，半臂依然流行，且因此演绎出一个"半臂忍寒"的故事。据传宋代著名词人宋祁有一次在锦江宴客，感到有些寒意，便命婢取半臂。诸婢各送一件，凡十余件，宋祁视之茫然，恐有厚薄之嫌，竟不敢服，忍冷而归。[①]对此，清人赵执信在《海鸥小谱·浪淘沙》中略带讽刺地说："令我忽忆半臂忍寒宋使君，又忆五花杀马王学士。不辞白发映红妆，请卿试看风流子。"北宋文学家苏轼因"谤讪朝廷"而被贬谪，后来他在回常州的归途中就是穿着半臂的。这在邵博的《邵氏闻见后录》里曾有记述："东坡自海外归毗陵，病暑，着小冠，披半臂，坐船中，夹运河岸，千万人随观之。"

辽、金、元时期，人们也穿半臂。这个时期的半臂实物在内蒙古元集宁路遗址中被发现。其制为双层，面料用罗，衬里用绢，面料上满绣花马纹。衣式采用对襟直领，前襟长 60 厘米，后背长 62 厘米，腰宽 53 厘米，下摆宽 54 厘米，袖长 43 厘米，袖口宽 34 厘米。搭护是元代半臂的另一种类型，皮质，有表有里，元代曾有"骏笠毡靴搭护衣"的诗句，可见这种服饰在元代较为普及。

明清时期，人们仍有穿半臂的习惯。明太祖朱元璋在洪武年间曾颁令青布直身作普通男子的章服。在清人对明人的追记中，明末的时尚变化常以袖的宽窄长短和衣身的长短为主要内容。

还有一种出自元代的无领对襟马甲，又称"比甲"，是宫廷中皇后的专用服

---

① 参见丁传靖辑：《宋人轶事汇编》，商务印书馆 1958 年版，第 287 页。

式，后来逐渐传入民间，扩大了服用范围。比甲盛行于明代中期，主要受青年妇女的偏爱。（见图2-10）从形式上看，比甲与隋唐时期的半臂有渊源关系。

清代出现的马甲，又名"坎肩"，结合了裲裆和半臂的特点，又吸收了北方骑射民族的服饰风格。如蒲松龄《聊斋志异·胡大姑》中所写："视之，不甚修长；衣绛红，外袭雪花比甲。"何垠注曰："比甲，半臂也，俗呼背心。"①马甲以襟的样式、扣襻的装饰及花纹组织为个性。

图2-10 穿比甲的明代妇女

马甲常于春、秋、冬季罩在衫外，男女老少皆宜。清代马甲在裁制时多采用曲线，尤其是出手部分往往带有一定的弯势，下摆底线也呈弧形，最富于变化的是衣襟，除传统的对襟及大襟之外，还出现了曲襟、一字襟等样式。曲襟亦称"琵琶襟"，是一种短缺的襟式，其制类似人襟，唯有襟下部被裁缺一截，曲折而下，转角之处以纽扣作结。一字襟背心是一种多纽扣背心，通常于胸前横开一襟，钉纽扣7粒，两腋下各钉纽扣3粒，合计有13粒之多，俗称"十三太保"或"军机坎"，满语意为"巴图鲁坎肩"。"巴图鲁"在满语中是

图2-11 穿马甲的妇女
（杨柳青年画）

---

① （清）蒲松龄：《聊斋志异》，北京时代华文书局2014年版，179页。

勇士的意思。最初只有朝廷要员才有资格穿这种马甲，后来这种坎肩逐渐成为一种礼服，一般官员也可以穿。

一般男子的马甲多缘以深色的大宽边，纹样饰以折枝团花、兽、蝙蝠，还有带故事情节的山水人物，形成了服装的筋骨，起到了画龙点睛的作用。

这种马甲的特点是脱卸方便，虽然穿在袍褂之内，骑马时若觉身热，则可从外衣领襟处探手解钮而除之，无需下马脱卸。正是因为穿着便利，马甲很快在民间流行开来，不分男女均可着之。到了民国初年仍有人穿着，并且将其加罩在袍褂之外。（见图2-11）

时至今天，马甲因其实用、方便的特性，依然被人们所喜爱，只是这种马甲趋于简单化，多对襟，少了繁复的装饰与特殊的文化意蕴。

六、褙 子

褙子，又名"绰子"，从隋唐时期的半臂发展而来。与半臂相比，褙子的袖管和两裾都要长，直领、对襟、小袖，衣长至膝，衣两侧开高衩，腋下有带。有史可考，褙子在辽宋时期十分流行，上至皇帝大臣，下至庶民百姓，无论男女都穿着褙子。正如《宣和遗事》一书所载，徽宗微服出行时，"闻言大喜，即时易了衣服，将龙衣卸却，把一领皂背穿着"；元宵佳节时，"王孙、公子、才子、佳人、男子汉都是子顶背带，头巾窄地，长背子，宽口裤"。男子一般把褙子当作便服或衬在礼服里面的衣服来穿，妇女则可以将褙子当作常服（公服）或仅次于大礼服的礼服来穿。如《朱子家礼·冠礼》载："女子笄，适房服背子。"

宋代褙子大致有三种形制：第一种是斜领加带式，身长至脚面，窄袖至腕，后背至腋下附两根带子，可以扎系。第二种是对襟开胯式，这种背子最为典型，直领，窄袖长至腕部，腋下开高衩，没有任何带束。第三种是直领长袖式，半袖，

衣身较宽松，开衩较高。宋代服制规定，官员不能在正式场合穿褙子。关于褙子的名称，宋代还有一种说法，认为褙子本是婢妾之服，因为婢妾一般都侍立于主妇的背后，故称"褙子"。有身份的主妇则穿大袖衣。婢妾穿腋下开胯的衣服，行走也较方便。宋代女子所穿褙子初期短小，后来加长，发展为袖大于衫、长与裙齐的标准格式。

宋人出行时所穿的褙子一般比较长，如北宋张择端《清明上河图》中所画人物就有穿这种长式褙子的。当时未成就功名的学子也常穿褙子，短式褙子则为轿夫、仪卫、货郎等人所穿。为了劳作时行动方便自如，劳动者多爱穿开胯褙子。

尽管褙子在宋代广为流行，但是它并不是正式的服装，多为人们家居休闲时所穿。褙子采用可长可短、可宽可瘦的直腰身款式，裁剪十分简单，不系襻纽，且没有过多的配饰，充分显示了宋代人的社会文化心理与审美情趣，同时又与其国势有着密切的关系。宋代，国家积贫积弱，统治者一再强调衣着"务从简朴""不得奢侈"，因此北宋的服饰一改隋唐的雍容华丽，渐趋朴实之风。时至南宋，程朱理学强调"灭人欲"，华服美食成为罪恶的象征。服装要俭朴、简单、节约。褙子从轮廓形制上看圆圆的，没有曲线，没有袒领，没有宽肥大袖，与唐代服装形成鲜明对比。宋代褙子以简胜繁、以素雅胜富丽，充分体现了宋代简约至极的物象之美。

元代沿袭宋代习俗，人们仍穿褙子。如元人戴善甫《风光好》第四折就有"妾除了烟花名字，再不曾披着带着。官员祗候，褙

图2-12　穿窄袖褙子的妇女（明·唐寅《簪花仕女图》）

子冠儿"①的描述。明代，褙子的形制有宽袖褙子、窄袖褙子两种。宽袖褙子只在衣襟上以花边作装饰，并且领子一直通到下摆；窄袖褙子则袖口及领子都装饰有花边，领子花边仅到胸部（见图2-12）。较之宋代，元代褙子的袖、身皆有所加肥。自元明以至清代，褙子多为妇女之服，即所谓"褙即背也，元以来女服褙子"②，而男子多不再服之。

七、裤褶

裤褶是汉服的一种款式。上服曰褶，而下缚曰裤。"裤"字，古代写作"绔""袴"。汉代许慎《说文·糸部》中说："绔，胫衣也。"段玉裁注："绔，今所谓套裤也。"《释名·释衣服》中详细解释了袴的含义："袴，跨也。两股各跨别也。"这种裤出现较早，商周时期人们下身就穿裤。不过那时的裤属于无裆的套裤，只有两个裤管，下及于踝，上达于膝，穿着时套在胫骨（膝盖以下的小腿部分）上，因此又叫"胫衣"。胫衣以绳带系缚，也被称作"绔"。东晋王嘉《拾遗记·秦始皇》记载，苏秦、张仪二人"遇见《坟》《典》，行途无所题记，以墨书掌及股里，夜还而写之"。因为当时的人穿的胫衣还盖不到大腿，所以能很方便地在大腿上写上字之后再洗去。秦始皇兵马俑中的武士俑，下身穿裤，裤有长、短两种：长裤主要见于中高级军吏俑，裤长至足踝，且紧紧收住踝部，似有带系扎；短裤多见于步兵俑和车兵俑，裤管较短，仅能盖住膝部，脚口宽敞，形状多样，有喇叭形、圆筒形、折波形、六角形、八角形、四方形等。

褶，是上衣，为汉服之褶。汉代刘熙《释名·释衣服》曰："褶，袭也，覆上之言也。"《急就篇》颜师古注曰："褶，谓重衣之最在上者也，其形若袍，短

---

① 张月中、王钢主编：《全元曲》第4卷，中州古籍出版社1996年版，第803页。
② （明）方以智：《通雅》卷三六《衣服》，中国书店1990年版，第440页。

身而广袖，一曰左衽之袍也。"裤褶原为胡人之戎服，由其服式来看，犹如汉人长袄，对襟或左衽，只是不同于汉族习惯的右衽，腰间束革带，方便利落。王国维先生推断曰："袴褶即戎衣。兹别袴褶与戎衣为二者，盖自魏以来，袴褶有大口、小口二种……隋时殆以广袖大口者为袴褶，窄袖小口者为戎衣。否则，无便、不便之可言矣。"[①]可见，隋唐时期，多以广袖大口为裤褶，以窄袖小口为戎衣（即古裤褶），名同实异。所以，隋唐仪卫之官多着大口裤。

从出土文物和传世文献来看，中国早期的裤子都是开裆裤。早在春秋战国时期，裤子是不分男女的，都是只有两只裤管，无腰无裆，穿时套在小腿上就可以了。因其只有两只裤管，所以与鞋袜相同，都以"双"字来计数。穿这种裤子的目的是遮护胫部，尤其是在冬季，可起到保暖的作用。当然，这种裤子只能套在里面。秦汉之际，裤子开始从胫衣发展到可遮裹大腿的长裤，但裤裆仍不加以缝缀。因为在裤子之外，还要着裳裙，也便于私溺，因而古书上也将这种裤子叫作"溺袴"。需要注意的是，那时候穿开裆的裤子，并不是不文明的事情。

满裆长裤，来自北方少数民族。对于长年骑在马背上的游牧民族来说，穿裳会很不方便。因此，他们很早就开始穿满裆长裤了。直到战国时期赵武灵王推行"胡服骑射"之后，汉人才开始试着穿满裆长裤，但最初仅在军队中流行。到了汉代，这种满裆长裤已为百姓所接受。为了与开裆的"袴"区分开来，这种满裆裤多被称为"裈"。《急就篇》颜师古注曰："合裆谓之裈，最亲身者也。"也就是说，裈是贴身穿的。《汉书·外戚传》也记载曰："虽宫人使令皆为穷绔，多其带。"这里的"穷绔"即有前后裆的裤。

裤子有了前后裆之后，避免了因无裆而使身体外露的尴尬，这一变化影响了袍服的发展，曲裾深衣渐渐被直裾所代替。在当时，上衣下裳是服饰定式，贵

① 王国维著，黄爱梅点校：《王国维手定观堂集林》，浙江教育出版社 2014 年版，第 473 页。

族们必须于裤之外加穿袍裳。但地位低贱的奴仆，为了便于活动，不再穿裳而只穿裤。裤和短上襦一起穿着，合称"襦裤"。《史记·司马相如列传》中曾记载："令文君当炉。相如身自著犊鼻裈，与保庸杂作，涤器于市中。"因"犊鼻裈"在古代为贫贱劳作者所穿，所以司马相如穿着犊鼻裈在市肆做酒保，显其贫贱，并借此使卓王孙难堪。

裤在魏晋时期仍然存在。《晋书·阮籍传》称："独不见群虱之处裈中，逃乎深缝，匿乎坏絮，自以为吉宅也。行不敢离缝际，动不敢出裈裆，自以为得绳墨也。"说的就是阮籍不遵礼仪，将循规蹈矩者斥为寄生于裤子中的虱子。

魏晋以后，"袴""裈"二字合流，合裆之裤既可称"裈"，也可称"袴"。如南朝宋人刘义庆《世说新语·任诞》说："我以天地为栋宇，屋室为裈衣，诸君何为入我裈中？"《梁书·诸夷列传》也说："国人……辫发垂之于背，着长身小袖袍、缦裆袴。"这里的"裈""袴"，指的都是合裆的裤子。

魏晋时期受北方游牧民族服饰的影响，士庶百姓多以穿裤为尚。裤的形制比较宽松，尤其是两只裤管往往做得十分肥阔，俗称"大口裤"，或称"裤褶"。和大口裤相配的上衣，一般做得比较紧身，叫作"褶"。左衽是北方少数民族和西域胡人的衣服款式，与汉族传统以右衽为习尚不同。褶和长裤穿在一起，在当时叫作"袴褶"。这是魏晋南北朝时期最为流行的一种服式。最初多用于军旅，以便于行军、作战。后来人们发现这套服装比中国传统的衣裳要简便、适体得多，所以也纷纷效仿，袴才逐渐成为士庶百姓的常用之服。因裤褶原是北方游牧民族的传统服装，所以一般以质地厚实的布帛为之，秋冬所用者则以兽皮制成。

魏晋之初，因裤褶是左衽之服，常被视为"异服"。《魏志·崔琰传》记载，魏文帝为皇太子时，穿了裤褶出去打猎，有人谏劝他不要穿这种异族的"贱服"。尽管如此，裤褶仍在上层社会中广为流行。据《宋书·后废帝本纪》记载，宋后废帝刘昱就常穿裤褶而不穿衣冠。《南史·齐本纪下》中也记载，齐东昏侯把戎服裤褶当常服穿。至后魏，朝服都穿裤褶。《梁书·陈伯之传》记载，褚缉写

了一首诗以讽刺后魏人，诗曰："帽上着笼冠，袴上着朱衣。不知是今是，不知非昔非。"反映了当时衣着的情况。正是因为裤褶在这一时期被广泛服用，所以晋代就把袴褶定为常服，天子和百官都可以穿。这可见于《晋书·舆服志》所载："车驾亲戎、中外戒严服之。服无定色，冠黑帽，缀紫摽，摽以缯为之，长四寸，广一寸。"裤褶的穿着遂成为定制。南北朝虽以大口裤为时髦，但因穿大口裤行动不方便，故用约1米长的锦带将裤管缚住，称为"缚裤"。南朝的裤管和褶衣的袖子都更宽大，即广袖褶衣、大口裤，这种形式反过来又影响了北方的服装款式。

隋唐时期，袴褶承袭魏晋形制，只是进一步将袴褶的地位抬高，由先前的官民通用改为官宦专用，并将褶的衽由左衽改为右衽。当上褶与裲裆合穿时，下裤常为缚裤，多将锦缎丝带截成三尺（约1米）一段，在裤管的膝盖处紧紧系扎，以便于行动。从隋代开始以颜色作为标志区分袴褶，并沿至唐前期。唐武德年间对袴褶的规定主要限于武官，至太宗贞观二十二年（648年）则下令百官朔望日上朝都要服袴褶，武后时期更是推波助澜，后经历了中宗时期的一段停滞，玄宗时期又恢复。《新唐书·车服志》载："袴褶之制：五品以上，细绫及罗为之，六品以下，小绫为之，三品以上紫，五品以上绯，七品以上绿，九品以上碧。"

尽管官方如此推崇袴褶，但由于袴褶既非传统冠服，又不如袍服方便，所以不能逃脱逐渐消亡的命运。《旧唐书·归崇敬传》记载，唐代宗宝应元年（762年）前后，大臣归崇敬以百官朔望日上朝着袴褶非古制，上疏说道，"按三代典礼，两汉史籍，并无袴褶之制，亦未详所起之由。隋代以来，始有服者。事不师古，伏请停罢"。至此，实际生活中已没有袴褶的位置。

到宋代，经过长期演变之后，裤子又回到了其最初开裆的形制，即以膝裤的形式出现。不过，与先秦时期的胫衣多贴身穿着不同，宋代的开裆膝裤多加罩于满裆裤之外。从史籍记载来看，两宋时期，无论男女，还是尊卑，均可穿着膝裤。膝裤的地位处于长裤与袜之间。

图2-13是烟色牡丹花罗开裆裤，出土于福州南宋黄升墓中。裤通长87厘米，

图 2-13 开裆裤（福建福州
南宋黄升墓出土）

腰宽 74 厘米，腰高 11.7 厘米，裆深 36 厘米，腿宽 28 厘米，裤脚宽 27 厘米，腰带有所破损。它的面料是花罗，以三经绞罗为组织，花部属平纹组织，提花的纹饰为牡丹。该裤的裤筒每边各用长方形单幅纵式折合，顶部每边各向内皱折两道，略呈弧状。两裤筒内侧加一三角形小裆，裆以下至裤管缝合，而裆以上至顶部未缝合。上接有腰，于背后正中开腰，两端系带。黄升墓出土的开裆裤尺寸均大于合裆裤，由此推断当时合裆裤穿在里面，而开裆裤则是套在合裆裤外面的。

除开裆裤外，宋代的裤子还有合裆裤。合裆裤的裁片主要由裤腿、裤裆和裤腰组成，都是整片，没有拼接。裤裆是一长方形布片，折叠以后并不宽，但很长。交叉的两片裤腿有助于裤裆活动。裤子对于人体体型的表现主要在裤腿上部的处理上，裤腿呈长方形，上端的一角被裁掉一个三角形，这相当于现代裤子对于裤腰的处理，目的是使裤子更加贴合身体。这种设计表明，当时的人们在裤子的设计上已经有了主动表现人体体型的意识。而这种意识的存在也说明了当时裁剪技术的提高和人们对裤子的重视，同时也与裤子的外衣化进程有关。

明代的膝裤多以锦缎为之，制为平口，上达于膝，下及于踝，穿时以带系缚于胫，因为在外观上与袜子比较接近，所以膝裤又有"半袜"之称。

至清代，膝裤被称为"套裤"，因为其长度已不限于膝下，也有遮覆于大腿者。套裤的质料有锦、缎、绸、呢等。裤管的造型也有多种：清初上下垂直，呈直筒式；清中叶变为上宽下窄，裤管的底部紧裹于胫，为了穿着方便，就在裤管下开衩，穿着时以带系之。清人李静山《肥套裤》一诗就说得非常形象："英雄盖世古来稀，

那像如今套裤肥？举鼎拔山何足论，居然粗腿有三围。"①这个时期的裤管大多被裁制成尖角状，穿时露出臀部及大腿外侧。妇女所穿的套裤，裤管下边常镶有花边，所用布帛色彩也较鲜艳。

除套裤以外，普通的长裤在明、清两代仍然被人们穿用，既可衬在袍衫、长裙之内，也可和襦袄等配用穿着于外。所用质料也有多种，视季节而有别。明清小说中有大量关于裤子的描写。如《醒世姻缘传》第三十三回："拿了狄员外的一腰洗白夏裤，又叫狄周来伺候先生洗刮换上。"《红楼梦》第六十三回："宝玉只穿着大红棉纱小袄子，下面绿绫弹墨夹裤，散着裤脚……和芳官两个先划拳。"

晚清时期，又开始穿裤管宽大的套裤，裤的上端多被裁成弧形，前高后低，穿着时露出臀部和大腿上部。而平民百姓外穿合裆裤者也越来越多，应该说，衫、袄和长裤成了清中期以后的主要服装。当时的裤子都较肥大，裤口敞开，为大撒口裤腿。为了劳动方便或保暖，人们有时也用宽布带把裤腿扎紧。

从胫衣到袴再到膝裤，裤子的发展经历了一种反复，而在讲究宽衣博带的中国古代服饰发展史上，裤子却始终没有占据主流，多被作为"亲身之衣"而附属于各种襦裙、袍服之内。这种情况在近代发生了变化，由于裤子的实用性以及西方思想的影响，裤子渐渐成为人们生活中的主要服饰。而被历史悄悄淹没的，则是人们关于"只穿裤子是不雅之举"的伦理思想与审美观念。

八、短 褐

短褐为古代人们用兽毛或粗麻编织而成的短衣，或称"袄"，因制作较为粗劣简单，所以一般为社会下层或贫苦人所穿。如《诗经·豳风·七月》记载："无

---

① 潘超、丘良任、孙忠铨等主编：《中华竹枝词全编》，北京出版社 2007 年版，第 249 页。

衣无褐，何以卒岁？"《史记·秦始皇本纪》也记载了秦二世胡亥时，天下"寒者利短褐，而饥者甘糟糠"的情形。这都可说明短褐是贫贱之人所穿的服饰。

至隋唐时期，褐一般以麻或毛为之。但此时的褐有长有短，亦为隐者所服。

据《旧唐书·德宗本纪》记载，贞元四年（788年），"征夏县处士先陈著作郎阳城为谏议大夫。城以褐衣诣阙，上赐之章服而后召"。这说明阳城先以褐衣见皇上，之后皇帝赐之以官服。

这一时期还有一种氄褐，指有轻柔细毛的僧袍。据唐代赵璘《因话录》卷五载："有士人退朝，诣其友生，见衲衣道人在坐，不怿而去。他日，谓友生曰：'公好氄褐之夫，何也？吾不知其贤愚，且觉其臭。'友生应曰：'氄褐之臭外也，岂甚铜乳？铜乳之臭，并肩而立，接迹而趋。公外其间，曾不嫌耻，反讥余与山野有道之士游。……吾视氄褐，愈于今之朱紫远矣！'"这里的"氄褐"是指僧人所穿之衣，也是对僧人品格的一种暗示。唐代居士裴休晚年常"披氄衲于歌姬院，捧钵乞食。曰：'不为俗情所染，可以说法为人。'"[1]。当时，尊崇禅僧的人们认为，散发着山野气息的和尚严装，比那耀眼的朱紫朝服官衣要高洁得多。

宋代以前，褐衣较短，所以又叫"短褐"，是广大劳动者的常用衣装。到了宋代，劳动者依旧以短褐为常用的衣装。另外，这时的一些隐士等也常穿麻制的褐衣，但这种褐衣和一般劳动者穿的短褐相比，袖子要宽，身腰也要长得多。

后世短褐质地多为粗布，名称也逐渐被"袄"所取代，但"短褐"一词却成为普通民众的代名词。如成语"鹑衣短褐"就是形容人的衣服短小、破烂，并进而体现此人的地位卑微。

---

[1] 孙文光编：《中国历代笔记选粹》，华东师范大学出版社1998年版，第299页。

九、五　服

在中国的传统服饰中，还有一种特殊服装，或者说服饰制度，即"五服"。五服又称"五等丧服"，是人们在居丧期间所穿的服饰。"丧服"一词最早见于《尚书·康王之诰》。书中记载：成王去世，其子康王继位，在即位典礼上，康王穿着王者的服饰，接受诸侯群臣的朝贺。典礼完毕后，"王释冕，反（返）丧服"，按照礼制为父亲服丧。

中国古代是典型的父系社会，男权、父权、夫权所体现的等级差别，都在丧服上有明显的体现，丧服之礼所体现的正是"尊尊"和"亲亲"的孝文化原则。父系家族的亲属范围，包括自高祖以下的男系后裔及其配偶，即自高祖至玄孙的九个世代，通常称作"本宗九族"。在这个范围里的亲属，又可分为直系和旁系。亲属死后，为其服丧，血缘关系亲近者服重，血缘关系疏远者服轻，依次递减。

《仪礼·丧服》中所规定的丧服有斩衰、齐衰、大功、小功、缌麻五个等级，称为"五服"。五服分别适用于与死者亲疏远近不等的各种亲属，每一种服制都有特定的居丧服饰、居丧时间和行为限制。其中持斩衰之服的男子全套丧服最为复杂，具体包括斩衰裳、苴绖、杖、绞带、冠绳缨、菅屦。衰亦作"缞"，是麻质丧服上衣，裳为下衣。斩是不加缝缉的意思。斩衰用最粗的生麻布制作，都不缝边，用以表示哀痛之深。斩衰并非贴身穿着，内衬白色的孝衣，后来更用麻布片披在身上代替，所以有"披麻戴孝"的说法。苴绖，指用已结子的雌麻纤维织成的粗麻布带子，共两条，一为腰绖，用作腰带，一为首绖，用以围发固冠，有绳缨下垂。古时祭服用带，有大带、革带之分，革带用来系韨，大带用丝织品制成，加于革带之上。丧服中，绞带代替革带，腰绖则代替大带。冠绳缨，指以麻绳为缨的丧冠，冠身也是用粗麻布制作。菅屦，指用菅草编成的草鞋，粗陋而不作修饰。

　　仅次于斩衰的是齐衰，是用本色粗生麻布制成的。与斩衰相比，衣服剪断处均可以收边。孙子、孙女为祖父母、曾祖父母、高祖父母服丧均穿此孝服。大功是轻于齐衰的丧服，用熟麻布制作，质料比齐衰稍细。一般堂兄弟、未婚的堂姐妹、已婚的姑母、姐妹、侄女及众孙、众子妇、侄妇等之丧，都服大功。已婚女为伯父、叔父、兄弟、侄、未婚姑母、姐妹、侄女等服丧，也服大功。小功用较细的熟麻布制作。这种丧服是为从祖父母、堂伯叔父母、未嫁祖姑、堂姑、已嫁堂姐妹、兄弟之妻、从堂兄弟、未嫁从堂姐妹及外祖父母、母舅、母姨等服丧而穿。最轻的孝服是缌麻，用稍细的熟布制作，凡本宗为高祖父母、曾伯叔祖父母、族伯叔父母、族兄弟及未嫁族姊妹，外姓中为表兄弟、岳父母等，均服缌麻。五服之外，古代还有一种更轻的服丧方式，叫作"袒免"。袒，指袒露左肩；免，指不戴冠，用布带缚髻。凡五服以外的远亲，无丧服之制，唯脱上衣，露左臂，脱冠扎发，用宽一寸的布从颈下前部交于额上，向后绕于髻，以示哀思。

　　由以上孝服可见，每个家族成员根据自己与死者的血缘关系和当时社会所公认的形式来穿孝衣、戴孝帽。人们之间所遵循的丧葬礼仪是根据丧服的质料和穿丧服的时间长短，来体现血缘关系的尊与卑、亲与疏的差异的。这种丧服制度在西晋被纳入法律制度之中，作为是否构成犯罪及衡量罪行轻重的标准，这就是"准五服以制罪"原则。它不仅适用于判断亲属间相互侵犯、伤害的情形，也用于确定赡养、继承等民事权利义务关系。它实质上体现了"同罪异罚"的原则：亲属相犯，以卑犯尊者，处罚重于常人，关系越亲，处罚越重；若以尊犯卑，则处罚轻于常人，关系越亲，处罚越轻。亲属相奸，处罚重于常人，关系越亲，处罚越重；亲属相盗，处罚轻于常人，关系越亲，处罚越轻。在民事方面，如财产转让时有犯，则关系越亲，处罚越轻。该原则的确立，使得儒家的礼仪制度与法律的适用完全结合在一起，是自汉代"以礼入法"以来法律儒家化的又一次重大发展，是中国古代法律的重要组成部分，同时也是传统法律伦理化特征的集中表现。

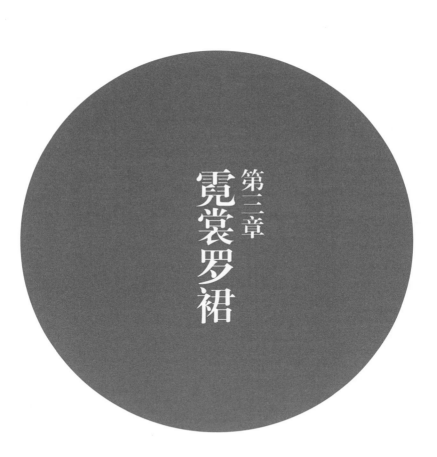

第三章

霓裳罗裙

唐代白居易有《江南遇天宝乐叟》诗曰："贵妃宛转侍君侧,体弱不胜珠翠繁。冬雪飘飘锦袍暖,春风荡样霓裳翻。"其另一首《琵琶行》也如此描绘:"钿头云篦击节碎,血色罗裙翻酒污。"诗中的"霓裳"和"罗裙"在一定程度上都指代女性服饰。自古而今,对于美的追求,女性甚于男性,而服饰作为体现美、修饰美的外在载体,倾注了女性更多的心思,因之女子服饰比男子服饰更具特色,更加绚烂多姿。再加上中国历史悠久,幅员辽阔,民族众多,使得传统女子服饰既具有传承性,又具有很强的多样性和民族性。如曹植的乐府诗《美女篇》云:

> 美女妖且闲,采桑歧路间。
>
> 柔条纷冉冉,落叶何翩翩。
>
> 攘袖见素手,皓腕约金环。
>
> 头上金爵钗,腰佩翠琅玕。
>
> 明珠交玉体,珊瑚间木难。
>
> 罗衣何飘飘,轻裾随风还。
>
> 顾盼遗光彩,长啸气若兰。

此诗极尽对采桑女的赞美。罗裙、轻裾、金环、金爵钗、翠琅玕……这些服装、配饰与采桑女的娇媚结合在一起,凸显了传统女性的柔美,也透露出古代女子服饰的特点。具体而言,在服饰造型上,古代女子服饰注重和谐、含蓄;在色彩使用上,注重伦理道德的规范;在装饰上,注重细节审美。简言之,中国女性更加喜欢创造一种含而不露的美。这种创造具有极大的装饰性、整体性和轻柔飘逸的美学效果。

一、襦衣裙裳

1. 襦裙概览

在历史上的多个阶段,女子服装采用"衣裳制"或"襦裙制"。所谓的"三

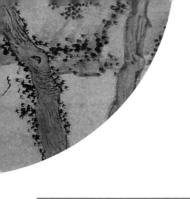

面梳头，两截穿衣"，就是指古代女子的这种穿着。襦与裙的长短是视穿着者的身份而定的。贵妇的襦裙通常襦短裙长，行走时由婢女跟在后面提着裙摆。而普通妇女为了便于劳作，往往襦长裙短，裙长只及膝部，外罩蔽膝，这样既方便劳作，又能突出妇女的体态美。

襦裙最早出现于何时，虽然史无明载，但在河北平山战国中山王墓中已经出现上衣穿襦、下身着方格花裙的小玉人。（见图 3-1）上衣下裳形制的女服是我国女服史上最早也是最基本的服装形制之一。若从战国算起，襦裙延续了 2000 多年，直至近代才逐渐消失。尽管长短宽窄时有变化，但襦裙的基本形制始终保持着最初的样式。襦裙最初不是女子服饰的专利，男子也能穿（前已有述）。

襦裙的基本形制包括以下几个部分：首先是襦，即短上衣。襦的袖子一般较长且窄，交领右衽。其

图 3-1　穿襦裙的小玉人（河北平山战国中山王墓出土 ）

下是用丝或革制成的腰带，起固定作用。另外还有宫绦，多以丝带编成，一般在中间打几个环结，然后下垂至地，有的还在中间串上一块玉佩，借以压裙幅，使其不至散开以影响美观。最下则是裙，从 6 ～ 12 幅不等，有各种颜色及繁多的式样。

裙是从裳演变而来的，古时布帛幅面狭窄，一条裙子通常由多幅布帛拼制而成，古代"裙""群"二字同源，故名。汉刘熙《释名·释衣服》："裙，群也，连接群幅也。"又曰："裙，裹衣也。古服裙不居外，皆有衣笼之。""裹"就是围，围后必定要系，中国古代的裙就是围系之裙。从湖南长沙马王堆 3 号汉墓出土的裙子来看，裙子所用布料呈上窄下宽的梯形，用四片丝绢缝纫而成，裙上方的两端各缝有一条带子。穿着时手持两端的带子向身后缠绕，形成一个喇叭状

的圆桶，再将带子系于腰间。（见图 3-2）

　　襦裙的总体特点是上衣短、下裙长，体现了黄金分割的要求，具有丰富的美学内涵。襦裙产生的视觉效果也是上身短下身长，特别适合美化一些人个矮、脖短、肩窄、胸平、臀低、体形平直、重心偏下这些身材上的不足。古代以礼为教，封建伦理纲常对妇女的要求更加严格具体，如"笑不露齿，行不露足"，服装也深受礼制之影响。襦裙修长拖地的裙裾，使女子走起路来只能碎步细走。随身舞动的裙带、垂环，不仅表现了女性的文雅，而且符合封建礼教对女性的规范要求。

图 3-2　穿喇叭式曳地长裙的陶俑
（西安汉长安城遗址出土）

　　襦裙在每个朝代自有其独特的风韵，无论是裙料、款式，还是颜色及幅面的宽窄，都深深地打上了时代的烙印。仅在唐代，在诗人们笔下，不同类型的红袖裙装各具特色。李商隐的《江南曲》生动地描绘了唐代少女裙子的式样："郎船安两桨，依舸动双桡。扫黛开宫额，裁裙约楚腰。"诗中的裙装是依照少女的纤纤细腰裁剪的，苗条的身材与合体的长裙合而为一，在湖面的微风中摇曳生姿。在白居易的《小曲新词》中，少女的红裙和早秋的明月相映生辉，"红裙明月夜，碧簟早秋时。好向昭阳宿，天凉玉漏迟"。初唐诗人杜审言的《戏赠赵使君美人》描绘的则是另一番情景："红粉青娥映楚云，桃花马上石榴裙。"楚天寥廓，美女在蓝天白云下骑行，在朵朵桃花中，鲜红如石榴花的裙子在飘曳。孟浩然的《春情》更把长裙的风姿摹写得曼妙无比："坐时衣带萦纤草，行即裙裾扫落梅。"元稹的《晚宴湘亭》中舞女红裙碧袖的形象更是可人："花低愁露醉，絮起觉春狂。舞旋红裙急，歌垂碧袖长。"或许诗人的描述多被具体的情境所左右，而在现实的演进中，襦群的风采却是写实的。

2. 战国至明代的襦裙

战国时期，女子身穿大袖宽衣，下着长裙，脚穿高头丝屦，这是比较普遍的服装风格。贵族女子的肩臂上缠巾帼（围巾），裙襦外用丝绣，丝屦上绣花。庶民女子臂上不缠巾帼，只用一块布覆上，衣袖没有贵族女子的那样宽大，裙也没有那么长，为便于劳动，裙外还要加一条围裙。

到了秦及汉初，女子服装有了一些变化：一般上襦极短，只到腰间，而裙子很长，下垂至地，袖子仍宽大，即所谓"窄衣大袖"。尤其贵族女子的裙更长，甚至走路时要由两个婢女在后面提携裙裾。一般的劳动女子也是上着短襦，下着长裙，蔽膝之上装饰腰带。古诗《陌上桑》中就记载了采桑姑娘罗敷的装扮："湘（浅黄色）绮为下裙，紫绮为上襦。"这10个字将少女着装的色彩、原料及款式一目了然地勾画出来。1957年，在甘肃武威磨咀子汉墓中就曾发现襦裙实物，襦以浅蓝色绢为面，中纳丝棉，袖端接一段白色丝绢。裙子也纳有丝棉，质料用黄绢。无论在宫中还是在民间，襦裙都是妇女普遍喜好的日常服装。后来因为汉代流行深衣，这种服式逐渐减少。

不少文人雅士非常钟情于这样的服饰，留下了不少赞美之词。如东汉乐府诗人辛延年所作《羽林郎》中就有一段这样的描述："胡姬年十五，春日独当垆。长裙连理带，广袖合欢襦。头上蓝田玉，耳后大秦珠。两鬟合窈窕，一世良所无。一鬟五百万，两鬟千万馀……"[1] 其意是说，西北外族有一个15岁的小姑娘，春天独自卖酒，她身穿宽袖合欢领式的襦，长裙腰上垂挂着装饰腰带，头上戴着陕西蓝田山上出产的玉，耳后戴着大秦国出产的像夜光璧般闪亮的耳珰。屈绕发鬟挽成髻，世上的女子无法与她比美。鬟上贵重的首饰，值黄金万两。此诗虽多是溢美之词，但也说明诗人对其襦裙的由衷的喜爱。

---

① （宋）郭茂倩编撰，聂世美、仓阳卿校点：《乐府诗集》卷六三《羽林郎》，上海古籍出版社1998年版，第694页。

襦裙虽是汉服女装最基本的形式，但到魏晋时期，因受胡服的影响比较大，衣袍变为左襟，上短下长成为其特点，裤服到胸，裙长到地。一般庶民或奴婢等女子上穿开领大袖衫，衣长仅覆腰，下着长裙，裙长至足，腰系长带。

魏晋南北朝是政治变革和社会动荡的时期，士大夫阶层形成了消极的处世理念，追求"对酒当歌，人生几何"的享乐主义。这种风气反映到衣冠服饰上，就是追求宽大，因此宽衣博带是这时期的流行服饰。上自王公名士，下至平民百姓，都以大袖宽衫为时尚。此时的女装也迎合了这一特点，形成了衫裙。其特点是上襦多用对襟，领子和袖子喜好添施彩绣，袖口或窄或宽；腰间用一围裳，称为"抱腰"，外束丝带；下裙面料比汉代更加丰富多彩。随着佛教的兴起，莲花、忍冬等纹饰大量出现在服装上，女裙的色泽、花纹更加鲜艳华丽。（见图3-3）

图3-3 穿广袖短襦和长裙的女子（东晋·顾恺之《女史箴图》局部）

隋唐五代的女装是中国服饰史中最为精彩的篇章，尤其是唐代，堪称中国古典服装艺术的巅峰，襦裙更是其中的一朵奇葩。从初唐到盛唐，襦裙的款式在美学风貌上有一个从窄小到宽大的过程。唐代姚汝能《安禄山事迹》卷下说，天宝初年，"妇女则簪步摇，钗衣之制度，衿袖窄小"；宋代马端临《文献通考》卷一二九也说，初唐衣裙"尚危侧""笑宽缓"。这类打扮和敦煌莫高窟中初唐壁画中的人物的打扮是一致的。但唐宪宗元和以后，这种情况发生了变化，开始流行大袖宽衣，"风姿以健美丰硕为尚"，加强了中国传统的审美观念，服式越来越肥大。《旧唐书·文宗纪》记载了这样一个故事，唐文宗传旨各位公主"不得广插钗梳，不须着短窄衣服"，好像是在鼓励她们穿宽大的衣服。但不过10年工夫，服饰的样式就发生了很大的变化，逐渐

向丰腴发展，至开成四年（839 年）正月，文宗见在咸泰殿观灯的延安公主穿着肥大的衣裙大怒，立即将她斥退，并下诏驸马罚俸两个月。可见当时服饰过于宽大，已经引起了皇帝的反感。

盛唐时期，襦裙的上衣为短襦（或称"半臂"），只到胸部，即所谓"慢束罗裙半露胸"；而裙子变宽大，系到胸部，与披肩构成当时襦裙的重要组成部分。这时，上襦的领口变化多样，袒胸大袖衫一度流行，"粉胸半掩疑暗雪"就是对这种装束的描写，展示了盛唐妇女思想解放的精神风貌。盛唐时代有袒领，即领口开得很低，早期只在宫廷嫔妃、歌舞伎之间流行，后来连豪门贵妇也多加垂青。从唐墓门石刻画和大量陶制女俑来看，当时艺术形象中出现的着袒领的女性实在不少，或许袒领已流行开来，这种着装风格已经遍及黎庶。袒露胸部上部，大袖、对襟、长裙，肩披披帛，饰有织文和绣文，裙腰高至乳部以上，以大带系结，长裙带几乎垂地，上短下长，尽显盛唐女子雍容华贵的丰腴风韵，表现出极富诗意的美与韵律。（见图 3-4）而中唐到五代时期的襦裙，风格又回归到了魏晋时期，襦仍是到腰胯，裙子变窄，裙腰高耸，只不过袖子还是小袖。

图 3-4 唐代穿大袖衫、长裙的女子
（唐·周昉《簪花仕女图》局部）

唐代裙色鲜艳，多为深红、绛紫、月青、草绿等。当时，杨贵妃最爱穿一种黄裙。这种裙子用郁金香染成，不仅色泽如花，特别鲜艳，不怕日晒，而且可以散发出芬芳的清香。这种黄裙逐渐在后宫嫔妃及官宦之家流行。唐代诗人李商隐的诗句"折腰多舞郁金裙"就说明了这一点。孟浩然《春情》中写"坐时衣带萦纤草，行即裙裾扫落梅"，可见衣带和裙摆之长。白居易《霓裳羽衣歌

和微之》中所写"虹裳霞帔步摇冠，钿璎累累佩珊珊"，即当时华丽的时装。

当时，还有一种石榴红裙深受中青年妇女的钟爱，流行的时间最长。唐传奇中塑造的李娃、霍小玉等人物形象，穿的就是这种裙子。唐诗中对此亦有许多吟咏，如李白的"移舟木兰棹，行酒石榴裙"、白居易的"眉欺杨柳叶，裙妒石榴花"、万楚五的"红裙妒杀石榴花"、武则天的"不信比来长下泪，开箱验取石榴裙"，等等。这种裙装具有很强的传承性，后代不少女子也喜着此服。元代的刘铉《乌夜啼》中以石榴直指女子的裙裾："垂杨影里残红，甚匆匆！只有榴花全不怨东风。暮雨急，晓霞湿，绿玲珑。比似茜裙初染一般同。"到了明代，石榴裙竟成了女子的代称。如蒋一葵的《燕京五月歌》："石榴花发街欲焚，蟠枝屈朵皆崩云。千门万户买不尽，剩将女儿染红裙。"石榴裙从线条到颜色都极富视觉冲击力，一动一静之间，尽显女性婀娜多姿的魅力。直至清代，石榴裙仍然受到妇女的欢迎。

唐代，襦裙的面料一般是纱罗织品，因此"绮罗纤线见肌肤"又是唐代妇女服饰的一大特点，即仅以轻纱蔽体，这种装束体现了唐代文化开放的特点。宋代妇女虽然也穿纱、罗衫襦，但在穿着的方式、面料透明的程度上都无法与唐代相媲美。此外，还有绸裙、纱裙、银泥裙、金缕裙、金泥簇蝶裙、百鸟毛裙等。百鸟毛裙是唐代最华贵的裙子，唐中宗的女儿安乐公主的百鸟裙堪称中国织绣史上之名作。据唐张鷟《朝野佥载》卷三记载，唐中宗之女安乐公主是第一个穿百鸟裙的人，她的这条裙子用了各种奇禽的毛织成，正看为一色，侧看为一色，日中为一色，影中为一色，而且裙上呈现出百鸟的形态，可谓美艳奇特。此后，官员、百姓纷纷仿效，"山林奇禽异兽，搜山满谷，扫地无遗"。另如武则天时的响铃裙，在裙四角缀12个小铃，走起路来叮当作响，可谓千姿百态，悦耳动听，美不胜收。

裙装以多幅为佳，一般用六幅，正如唐代诗人李群玉所比喻的"裙拖六幅湘江水"。因唐代时尚以宽肥为美，所以很多华贵的裙装会用到七八幅，以致引发皇帝的不满和干预。据《新唐书·车服志》记载，唐文宗为了提倡节俭，明令"妇

人裙不过五幅"。此外，隋唐时期的裙子多有褶，即所谓"破"，几破就是几褶，如隋炀帝时的"仙裙"是 12 破，也就是 12 褶。裙子的褶多了，用料自然就多，就比较浪费。《旧唐书·高宗本纪》记载，唐高宗、玄宗对此曾下诏禁止："天后，我之匹敌，常著七破间裙，岂不知更有靡丽服饰，务遵节俭也。"

唐初，妇女多在襦裙上披一块又方又厚的类似于披风的东西，称为"帔子"。后来帔子变长变窄，只成一块布条，固定在肩膀上，披法花样繁多，成为披帛。帔子和披帛成为襦裙中不可分割的一大元素，一直延续到明代。（见图 3-5）

图 3-5　穿襦裙、披长帛的唐代女子（唐·张萱《捣练图》局部）

宋代，在程朱理学"存天理，灭人欲"理性之美的影响下，服装一反唐代的艳丽之色，追求淡雅恬静之风。襦裙虽不像在唐代那么盛行，但仍保留了下来。此时的上襦多为大襟半臂，下裙时兴"千褶""百叠"，腰间系以绸带，并佩有绶环垂下，裙色一般比上衣鲜艳，如"淡黄衫子郁金香裙""碧染罗裙汀水浅"，而老年妇女和农村女子多穿深色素裙。裙子面料多以纱、罗为主，绣绘图案或缀以珠玉。张先《踏莎行》中"珠裙褶褶轻垂地"一句，就很生动地描绘了裙的装饰。据《宋史》记载，当时还出现了前后开衩的"旋裙"及相掩以带束之的"赶上裙"。

明代女子外穿裤装者仍然很少，下裳多为裙，并多在裙内加穿膝裤（套裤）。女装以比甲最具特色，其风格和宋代的褙子近似，只是没有袖子，衣长过膝，下裙露出很少，不施任何装饰。襦裙成为与之对应的另一种风格的女装延续下来，上衣短，露出裙身，加裙带，裙色、裙花必显特色，腰间束围裳，加之披帛，显示出明代襦裙特有的魅力。

3. 清代对襦裙的改进

清代，在"男从女不从"（即对汉族男子严格要求遵从汉族服制，而妇女则放宽）的规范下，汉族妇女的服饰较男服为少。妇女服饰在清代可谓满、汉并存。满族妇女以长袍为主，汉族妇女则仍以上衣下裙为时尚。清代中期，满、汉互相仿效，至后期，满族效仿汉族风气颇盛，甚至史书有"大半旗装改汉装，宫袍截作短衣裳"[①]之记载。而汉族仿效满族服饰也于此时在贵妇中流行。

图 3-6 穿袄裙的妇女
（杨柳青年画）

一开始，后妃命妇仍承明俗，以凤冠、霞帔作为礼服。普通妇女则穿披风、袄裙。（见图 3-6）而这种袄裙与襦裙的最大差别在于衣襟改变汉族惯用的绸带系结方式，以纽扣系之。至于裙子的样式，除朝裙外，一般妇女的裙子没有什么规定。清初崇尚"百褶裙"。在康熙、乾隆年间又流行"凤尾裙"。到中期以后，又有用西洋印花布为裙者。此外，还有"凤凰裙""百蝶裙"等。到咸丰、同治年间又出现了一种叫"鱼鳞百褶裙"的裙子。在汉族妇女中，红裙仍为婚嫁、节日等庆典所必穿者。

中国传统下裳——裙子大致可分为裙幅式和褶裥式两种形式。这两者在裙子中呈现出此消彼长的形态，或褶裥多于门幅，或有裙幅而无褶裥。南昌出土的明代裙子实物中发现了二者有节奏的分布，裙子上有四个门幅和在其中间隔的褶裥，有了马面裙的雏形。到清代，裙幅和褶裥的形态走向一定的程式化，出现了前后对称的裙门和两侧的褶裥，其形制固定，且重装饰，即所谓的马面裙。

---

① 李家瑞编：《北平风俗类征·衣饰》，商务印书馆 1937 年版，第 242 页。

所谓"马面",是指裙前后有两个长方形的外裙门。据《明宫史》记载,其制后襟不断,两旁有摆,前襟两截,而下有马面褶,两旁有耳。马面裙由两片相同的裙片组成,穿着时需要将裙腰上的扣子或绳系好。裙的两侧打褶裥,由两边向中间压褶,称"顺风褶"。此间裙腰多用白色布,取"白头偕老"之意。如果打了又细又密的细裥,则称为"百褶裙"。为了使这些细褶不走形,需以一定的方式用细线衍缝固定褶裥,穿着者行走转侧时,裥部作鱼鳞状,故称"鱼鳞裙"。因此可以说,百褶裙、鱼鳞裙都是马面裙的变种。

4. 近现代对襦裙的革新

辛亥革命前后,裙子的结构发生了根本性的变化。20世纪初,妇女的裙子虽然保留宽大的裙腰,裙腰上缘两端用带或扣围系,但是裙门(马面)结构已经消失,原来马面裙围系交叠的部分简化为侧缝,裙腰以下的侧缝处留有8厘米左右的开衩,或者钉有纽扣,以便套穿之用。再者就是裙腰消失。辛亥革命后,裙腰由两侧系带改为一侧系。辛亥革命的成功,使得中国服装与封建王朝的冠服制度彻底决裂,加上西方文化的传入,让服装在制作上更加尊重日常生活习惯和穿着的舒适度,因此,由马面裙遗留下来的宽大裙腰消失,为容易套穿的松紧带所代替。马面、侧裥和裙腰结构的消失,标志着围系之裙正式演变为套穿之裙,中国妇女的裙装最终融入了世界服饰的主流。

辛亥革命后,妇女服装变化显著,出现了各式袄裙套装,其实这正是襦裙在近代的再生。此时袄裙上衣窄小,领口低下,袖长不过肘,似喇叭形,衣服下摆呈弧形,有时也在边缘部位施绣花边;下裙多是深色,以后裙长缩短至膝下,且取消褶裥而任其自然下垂,也有在边缘绣花边或加以珠饰者,具有鲜明的时代感。

二、曲裾深衣

曲裾深衣 ① 是古代男女服装中最重要的一种形式。

与男性深衣的曲裾相比，女性曲裾表现出两个方面的特点：

一是在曲裾的下摆方面，男式的比较宽大，以便于行走，而女式的则稍显紧窄。从出土的战国、汉代壁画和俑人来看，很多女子曲裾通身紧窄，长可曳地，下摆一般呈喇叭状，行不露足。这种设计极易体现女子凌波微步、体态轻盈的

图 3-7 穿深衣的女子（湖南长沙楚墓出土，赵志方摹绘）

样子。同时，衣领部分很有特色，通常用交领，领口很低，以便露出里衣。20 世纪 50 年代初，湘南长沙陈家大山战国楚墓中出土了一件《人物龙凤帛画》，画中有一位战国时期女子的形象，这是目前所见的传统女服中最为古老的形象资料之一。（见图 3-7）这位女子的绕襟深衣衣领高大，衣袖宽阔，裳裙长曳于地，掩住双足。除了面部和双手之外，女子身体的其他部分都被遮掩在长长的衣裳之内。而女子穿的深衣最具特色的还是那一对阔而长的大袖。长袖与阔袖是女子服饰最具特色的形制。将两袖呈水平放置测得两袖口间的间距，即通袖长度，往往在 230 厘米以上。

二是男子深衣的曲裾较短，只向身后斜掩一层，而女子深衣的曲裾较长，绕着身体缠好几层，前襟下面垂下的一块三角形，是右侧衣襟的斜衽。妇女的这种绕襟深衣尽管质地、颜色不一，但基本样式相同，衣服几经缠绕，绕至臀部，

① 关于曲裾深衣，请详见第二章"深衣"节的介绍。

然后用绸带系束。图 3-7 中妇女穿的服装还绘有精美华丽的纹样，具有浓郁的时代特色。

秦代曲裾的情况，可以从秦皇陵的外城以东挖掘出土的几件大型妇女跪坐俑看出，她们的装束也都是曲裾式袍服。这种曲裾袍具有典型的楚国服饰性质，只是秦的曲裾袍较楚服更宽大一些，领缘较宽，绕襟施转而下。

在汉代，曲裾深衣又叫"襜褕"，是当时妇女服式中最常见的一种。长沙马王堆 1 号汉墓出土的 12 件完整的老妇服装中，就有 9 件是曲裾深衣，领口、袖口宽大，且领口低垂。这种曲裾深衣既体现了富丽华贵之美，又将女子娇柔优雅之态衬托到极致。由于曲裾续衽是在下体层层缠绕，而它又必须用衣带加以固定，因此，汉代穿深衣的女子往往将衣带束在臀部甚至臀部以下。这样便形成了一种很奇异的风格：女子并不束腰，衣襟自腋直泻而下，至臀部或臀部以下的大腿部位却紧缠急束，至膝部又散开来。这样的服饰行走起来有一定的困难。看来西汉女服似乎并不以纤腰为美。同时，本来掩襟式的两襟相交，会形成"V"形交领，自然将脖颈与颈下部分肌肤露在外面。但秦汉多重中衣的穿法却在女子脖颈周围堆起两三层衣领，高可及发际，几乎将女子的脖颈完全遮没。女子的身体完全包裹在重重衣饰之中。

在秦汉时代，层层衣饰将人体紧密包裹起来，明显地表明这一时期以显露人体曲线为禁忌。这种利用服饰来抹杀人体曲线的做法，一直体现在后世的中原女服中。

曲裾深衣在其发展过程中也进行过诸多改进，这些改进使得深衣更加具有美感，袿衣和狐尾衣就是其中的代表。

袿衣　袿衣也叫"大袖衣""诸衧"，形似深衣，只是服装底部有衣襟旋转盘绕而形成若干个尖角状的装饰，袿衣即得名于这些尖角装饰。汉刘熙《释名·释衣服》解释它的来历时说："其下垂者上广下狭，如刀圭也。"清代学者任大椿在《深衣释例》中也认为："袿乃缕缕下垂，如旌旗之有旒，即所谓杂裾也。"

袿衣的垂饰为丝质，且如"裧"如"缕"。袿衣是汉服中颇为引人注意的服装。据《汉书·元后传》记载，西汉宣帝时为太子选美，王政君就是因着"绛缘诸于"而入选的。

这种服装在魏晋南北朝时期仍被妇女广为穿着。在两汉经学崩溃、个性解放、玄学盛行的文化背景之下，在"不如饮美酒，被服纨与素"价值观的指引之下，魏晋时人更加讲究风度，比之汉代更加注重衣服的飘逸性。

狐尾衣　狐尾衣是另一种曲裾深衣的变异形式。此服前裾覆足，后裾拖地形如狐尾，故名。据传说，此服由东汉大将军梁冀之妻孙寿创造，京师妇女旋以此装为时髦，纷纷仿效，故又称"梁氏新装"。《后汉书·梁冀传》中记载，梁氏新装与孙寿所创的"愁眉，啼妆，堕马髻，折腰步，龋齿笑"一度成为当时女子的时尚，这可以说是我国历史上最早的时装。也许正因为是时装，所以经不起时间的考验，很快被人们遗忘，但其张扬个性、追求奇特的事实，却表明了那个时代妇女对于美的追求。

至东汉魏晋时代，女服风貌已经变化一新，它一扫西汉女服的朴质拘谨，自成华丽、松敞、活泼的风格。深衣式微，襦裙卷土重来，成为女子日常服装的主要衣式。

三、云肩和霞帔

云肩、霞帔都是古代妇女肩上佩挂的装饰性服饰，有装饰肩部与衬托面容的作用，是中华民族服饰文化中的一朵奇葩，也是汉民族吸纳外来服饰文化、融会贯通的结晶。这些服饰，有的是对传统服装样式的补充或改进，有的是在原有功能的基础上增加了特定的功能，还有一些是在传统服装的基础上又赋予新的内涵。应该说，这些服饰的存在为中国古代女性服装涂抹了绚丽的一笔。

与西方所追求的曲线美不同，中国的传统服饰通常追求的是一种飘逸洒脱

的气质美和神韵美，所以，一般而言，中国的传统服饰多采用平面剪裁，较少采用因人而异的立体裁剪方式。而云肩、霞帔等则采用了独特的中国式立体裁剪方式，这不但丰富了中国传统服饰的设计理念，而且也使服饰更加贴服人体，突出个体的特性之美。

当然，尽管两者都具有装饰肩部的作用，但彼此又有很大不同，具体表现在以下三个方面：一是基本样式有所不同；二是穿着的时代前后有别；三是着装的人群差别有等。下面分而述之。

云肩　秦汉以前并无与云肩有关的文字记载，从服饰款式看，其形成当受北方游牧民族的影响，是外来的服饰样式。从图像资料看，云肩最早见于敦煌莫高窟壁画中，多为中国化了的观音菩萨所披。云肩在汉民族中盛行，至迟在唐宋时期，上层贵族社会的服饰已经出现了"五云裘"衣，这是一种云肩盛装。

史书中，五代才开始有使用云肩的记载，元代为百姓所用。《元史·舆服志》记载："云肩，制如四垂云，青缘，黄罗五色，嵌金为之。"明清时期，云肩成为流行的日常服饰。《清稗类钞》云："云肩，妇女蔽诸肩际以为饰者。"李渔《闲情偶寄·声容部》则认为："云肩以护衣领，不使沾油，制之最善者也。"民国之后，云肩在日常生活中逐渐消逝，仅为传统戏曲女性服饰造型的一大行头。

从裁剪方式来看，云肩的结构均围绕颈部中心放射或旋转，有四方、八方等不同方向的放射形态。四方云肩，因"四"与"事"谐音，故有四方如意、事事顺心之寓意；八方云肩，象征春节、元宵、清明、端午、七夕、中秋、重阳、腊八等八个节庆平安祥和。也就是说，云肩的裁剪顺应了古代造物讲究四方四合、八方吉祥的祝颂理念。

云肩的裁剪布局讲究层次感，片与片之间有大小的渐变、长短的穿插、色彩的变幻；装饰刺绣手法有片绣、珠绣、盘金、串珠、平针与打籽绣等多种技巧，使云肩看起来像云，像彩虹，像四季花坛，充满声色情调。

云肩的经典款式有四合如意式与四方柳叶式两种。四合如意式云肩在元代

中国文化四季

图3-8　云肩组图

就正式列入官服制度，男女均可使用，它由四面如意形的条状云头前后对合而成。四方柳叶式云肩造型由8条、16条、18条等数量不等的柳叶形图案作放射状构成，象征春色满园，生命常青。云肩在层次上有单圈、双层圈、多层圈的不同处理，最多的有5圈，而且每圈有不同形态与色彩的变化，最多的由66片条状云头组成，取六六大顺之意。（见图3-8）

在艺术形态上，云肩充满了浪漫的浓情重彩；在文化内蕴上，它以笼罩女性肩头为平台来折射身体与社会的表情，传递中国服饰文化"天人合一"等丰富的价值理念。如以喜鹊绣纹配以梅花、古钱币等相应饰纹，目的在于求"喜"。喜，悦也，凡吉祥之事如婚嫁、生子、晋升、开春等皆为喜事，而用喜鹊来比拟。纹饰不同的花草，是寄寓四季平安吉祥的常用形态。如在云肩上纹以蔷薇花，表达了人们祈求天地长春的愿景。也有用不同的花卉来对应不同的四季，祈求四季常青、四季安康的。

云肩的穿着并非随性而为，而是十分讲究与其他服饰的搭配。比如，云肩色彩以五色为正色，以其他"间色"作为陪衬。五色指青、赤、黄、白、黑色，象征世间万物皆由"五行"（金、木、水、火、土）生成，五色为本原之色、百物之色，使尊尊卑卑不得相逾。云肩的五色与外衣的五色强调搭配和谐，使其合乎整体美的审美需求。清人李渔在《闲情偶寄·声容部》中就认为云肩"须与衣同色"，即云肩与服装的色彩要统一。具体来说，"若衣色极深，而云肩极浅，或衣色极浅，而云肩极深，则是身首判然……此最不相宜之事也"。所以，"云

肩之色，不惟与衣相同，更须里外合一"。

云肩的穿着自元代普及，并被定为元代官服式样。元代贵族男女皆穿用云肩。

在样式上，明代云肩虽沿袭元代的四垂云肩之制，但也有所变化。明代云肩大致有三种：一种是"宫装"，较大，把白绫剪裁成云样，披在两肩胸背，上绣花鸟，且缀以金珠宝石或钟铃，行走有声。一种是"阁"，比"宫装"略小，饰物略同，装饰以绣花纹样。还有一种是明代宫女衣，以纸为领，一日一换，以保洁净，并且还在肩背之上加入更加复杂的装饰。（见图3-9）有明一代，云肩逐渐在普通妇女中普及开来，或者说仅限于妇女穿着，成为女式礼服必不可少的装饰物。

清代以后，云肩逐渐从日常生活中消失，只在婚嫁、宴宾、祭祀等喜庆场合和大型典礼时穿戴。尽管穿戴范围大大缩小，但此时的云肩特别是贵族妇女所用云肩绣制得更加精致，多在四周装有璎珞，边缘

图3-9 戴云肩的女子（明·仇英《六十仕女图》局部）

垂有排须。例如慈禧所穿戴的云肩，用又大又圆的珍珠3500颗穿织而成，通体云霞灿烂。

不过，到了清末，云肩又开始出现在妇女的日常生活中。因为当时流行低且大的像燕尾一样的垂髻，为防止头油沾染衣服，妇女开始用绒线编织一些小型云肩，披在肩上以保护衣服。至此，云肩的形制朴素化，材质和装饰亦大大简约化。

云肩虽然来自外来民族服饰文化，但与本土文化密切结合后，已为我用，并成为民族服饰文化的典范代表。民国之后，云肩渐渐淡出了老百姓的日常生活，只有在极特殊的场合，如重大年节、婚嫁等喜庆日子上，汉族妇女才会身披云肩，

以作装饰。

霞帔　霞帔最早被称为"披帛""帔子"。宋高承《事物纪原》引《实录》曰："三代无帔说，秦有披帛，以缣帛为之；汉即以罗；晋永嘉中，制绛晕帔子；开元中，令三妃以下通服之。是披帛始于秦，帔始于晋矣……唐制，士庶女子在室搭披帛，出适披帔子，以别出处之义，今仕族亦有循用者。"由此可知，帔子始于秦，发展于汉晋，流行于隋唐。帔子有宽、窄之别：宽者类似今天的披肩，多为已婚女子所用；窄者接近于飘带，用于未嫁女子。轻盈的帔子和飘扬的披帛，配上原本繁丽的衣裙，增加了女性妩媚的动感。

在唐代，裙、衫、帔是女装必不可少的内容。孙机先生指出："唐代女装无论丰俭，这三件都是不可缺少的。"[1]又如唐人张文成在《又赠师娘》中所说："迎风帔子郁金香，照日裙裾石榴色。"这样的着装，从线条到颜色都极富视觉冲击力，动静之间无不充满婀娜多姿的女性魅力。

帔子一般采用轻薄的纱质原料，可在帛上以彩绘和手绣方法，点缀图案花纹，颇有柔美富丽之感。卢照邻《行路难》曰："娼家宝袜蛟龙帔。"意思是说，娼门女子的帔子均绣有龙的图案。《霍小玉传》云："著旧石榴裙，紫裆，红绿帔子。"[2]意思是说，霍小玉穿着紫裆和石榴裙，还佩戴绿色的帔子。

宋代普通妇女往往用一种类似帔子的服饰——直帔来代替帔子，只有贵妇才能佩戴帔子。帔帛是宋代以来妇女的命服，随品级的高低而不同。（见图3-10）《格致镜原》卷十六引《名义考》中称："今命妇衣外以织文一幅，前后如其衣长，中分而前两开之，在肩背之间，谓之霞帔。"《文献通考·王礼考九》记："（宋）孝宗乾道中，中宫常服，有司进真红大袖，红罗生色为领，红罗长裙，红霞帔，药玉为坠，背子用红罗，衫子用黄红纱，裆袴以白纱，裙以明黄，短衫以粉红为之。"

① 孙机：《中国古舆服论丛》，上海古籍出版社2013年版，第219页。
② 陈长喜主编：《中国历代小说赏读》上册，天津古籍出版社2007年版，第81页。

正因为霞帔是贵妇常礼服的一部分，并非人人可佩，所以宋代宫廷中就衍生出"红霞帔""紫霞帔"这样的后妃名号。再如宋人张扩《东窗集》中记有"红霞帔冯十一、张真奴、陈翠奴、刘十娘、

图3-10　穿襦裙、帔帛的妇女（宋·陈嵩《妃子浴儿图》局部）

王惜奴等并转典字，红霞帔鲍倬儿、紫霞帔王受奴并转掌字制"一则，实际是皇帝开具的"授任书"，把一批原为"红霞帔""紫霞帔"身份的宫女提升为"典字""掌字"。在宫廷命妇中，典字为正八品，掌字为正九品，在后妃、女官的正式编制中属于最低的两级，而"红霞帔""紫霞帔"及地位更低的听宣、听直、书直则根本"不系入品"[①]。由此可见，皇帝如果喜欢上了一位普通宫女，往往先给这个宫女"红霞帔"或"紫霞帔"的名分，意味着她已获得皇帝的喜爱，不同于一般的宫女。有了这样的名号，以后也才有可能被封为嫔妃。

明代，霞帔的使用较为普遍。此时霞帔形制是一条长长的彩色挂带，宽3.2寸（约合10.7厘米），长5.7尺（约合1.9米），穿着时绕过脖颈，披挂在胸前，形似两条彩练，下端垂有金或玉石制坠子。命妇的礼服，因文有霞彩，称"霞帔"。明洪武四年（1371年）有更

图3-11　戴凤冠、穿霞帔的皇后形象

---

① 孟晖：《唇间的美色》，山东画报出版社2012年版，第52页。

严格的规定：一品衣金绣文霞帔，二品衣金绣云肩大杂花霞帔，三品衣金绣大杂花霞帔，四品衣绣小杂花霞帔，五品衣销金大杂花霞帔，六品、七品衣销金小杂花霞帔，八品、九品衣大红素罗霞帔。每条霞帔长 5.7 尺，宽 3.2 寸。[①]（见图 3-11）

清代，凤冠、霞帔一般为诰命夫人专用的服饰。此时的霞帔宽度若背心，霞帔下缀以彩色旒苏，中间缀以补子，补子所绣纹样，一般都根据其丈夫或儿子的品级而定，唯独武官的母、妻不用猛兽纹而用禽鸟纹。

四、亵衣和抹胸

古人把所穿着的衣服分为大衣、中衣、小衣。汉刘熙《释名·释衣服》云："中衣，言在小衣之外，大衣之中也。"由此可以看出，大衣是外套，中衣即我们习惯说的内衣，小衣则是指贴身内衣。所谓"内衣"，一般指平时不能轻易示于人的贴身之服。

泽 从史籍记载来看，关于"内衣"最早的文字记载始见于《诗经》。商周时期，内衣被叫作"泽"。如《诗经·秦风·无衣》说："岂曰无衣，与子同泽。"因其可以吸收从体内排出的"汗泽"，故以"泽"命名。据汉代郑玄解释，这种紧贴身体的"泽"就是汉代的"亵衣"。所谓"亵衣"，即内衣，既指贴身的内衣，也指家居所穿的便服。不过，这种女式内衣通常是不能在大庭广众下"见光"的。《汉书·叙传上》中说："思有短褐之亵。""亵"本为"轻薄、不庄重"之意。"亵衣"之名也表明古人对内衣持回避和隐讳的心态。

汗衣（汗衫） 汉代将内衣称为"汗衣"，也称"汗衫"。据说，汉高祖刘邦是"汗衫"一词的发明者。楚汉交战时，刘邦从战场上回到营帐，一看自己的内衣全

[①] 参见黄能馥、陈娟娟：《中国服饰史》，上海人民出版社 2014 年版，第 443 页。

部被汗水浸湿，于是戏称其为"汗衫"。"汗衫"一词就渐渐流传开来，成了内衣的别称。直到今天，人们仍然使用这一称呼。

如果说外衣更多地表达了一种政治倾向性，那内衣则在一定程度上体现了一种情怀。在中国服饰发展史上，内衣文化不仅具有多元性、时段性，而且较之其他受礼法制度约束的服饰，更自由、更智慧，亦更富于浓情。可以说，女性内衣以其"近身衣"的浪漫情怀在服饰艺术中独树一帜。它是古代女性在特定时间与私密空间中的"悄悄话"，含羞而内敛。其塑身修形的造型理念、大俗大雅的配色处理、奇异丰富的图腾纹饰、独具创造性的技艺手段，无不表达出女性的审美情趣。无论是惊艳妩媚的风尘女子，还是质朴清秀的小家碧玉，抑或是雍容华贵的官宦贵妇，都特别注重在内衣上追求个性化的艺术异彩。

有人认为，在春秋战国时期，内衣已经成型，当时的宫女们都要时时勒紧腰带以保持纤纤细腰，所以也就有了"楚王好细腰"的闹剧。应该说，内衣随着华夏服装文明的前行而诞生，成为深邃广奥的中国服饰文化的一部分。

帕腹（心衣） 汉代内衣已经有了明确的名称，被称为"帕腹""抱腹"或"心衣"。汉刘熙《释名·释衣服》称："帕腹，横帕其腹也。抱腹，上下有带，抱裹其腹，上无裆者也。心衣，抱腹而施钩肩，钩肩之间施一裆，以奄心也。"由此可见，这时的内衣有繁简之别，简单的只是横裹在腹部的一块布帕，因称"帕腹"；稍微复杂一些的，也只是在帕腹上缀以带子，用时紧抱其腹，故名"抱腹"；如果在抱腹上加以钩肩及裆，则成了心衣。心衣与抱腹的共同点是背部袒露无后片。帕腹、抱腹和心衣尽管有繁简之别，但全都只有前片而无后片，穿这种内衣，后背是全部袒裸的。其"带"的量及位置各有不同，其平裁式布帛的分割均有变化。汉代常用的内衣面料是平织绢，上面多用各色丝线绣出花纹图案，称为"彩绣"，图案多以爱情为主题。

兜肚（袜腹） 这一时期，女性内衣还有一个雅号——宝袜，俗称"兜肚""袜

肚""袜腹",省称为"袜"（音 mo）。此"袜"并非今之足袜。马缟《中华古今注·袜肚》说："袜肚盖文王所制也，谓之腰巾，但以缯为之；宫女以彩为之，名曰腰彩。至汉武帝以四带，名曰袜肚。"南朝梁刘缓《敬酬刘长史咏名士悦倾城》诗中就有"袜小称腰身"的比喻，隋炀帝的《喜春游歌》中也有"锦袖淮南舞，宝袜楚宫腰"的诗句，所咏之"袜"都是妇女的内衣。

两当（裲裆）　魏晋时期，政治动荡，北方各族入主中原，将北方胡服的元素带了进来，也在一定程度上同化了汉族的服饰。此时的内衣称为"两当"，与抱腹、心衣的区别在于它有后片，"既可当胸又可当背"。《晋书·五行志》称："至元康末，妇人出两裆，加乎交领之上，此内出外也。"

图 3-12　穿裲裆的女子（甘肃嘉峪关魏晋壁画墓出土）

左图（见图 3-12）所绘女子就身穿方形裲裆。不过这种裲裆比较单薄，多作为内衣穿着。晋人小说《搜神记》中就有描写：据说三国时在颍川（今河南长葛）一带，经常闹鬼。一日夜晚，魏大臣钟繇外出，恰巧遇上一个"如鬼"，其"形体如生人。著白练衫，丹绣裲裆"，钟繇见之，奋臂挥刀斫砍，只见该妇一边奔跑，一边以丝绵揩血。第二天，钟繇派人沿着血迹找到一具女尸，只见其服饰依旧，只是裲裆中的丝绵被抽掉了不少，那是因为她用其揩血了。故事内容虽然荒诞，但反映了当时妇女服饰的一些真实情况。由此可见，在当时，妇女确实把裲裆作为内衣来穿。裲裆的表面采用刺绣，比较考究，更主要的是，裲裆里面还纳有丝绵，这种裲裆应是后世"棉背心"的最早形式。

反闭　"反闭"是这一时期出现的另一种内衣。反闭也有前、后两片，不过不像裲裆那样前、后分制，以带襻相连，而是前、后两片缝缀，于后背开襟，穿时在背后纽结，"反闭"一名就由此而来。《释名·释衣服》中称"反闭，襦

之小者也，却向著之领，反于背后闭其襟也"①，说的就是这种内衣。

　　诃子　统一而强盛的唐代孕育了文明开放的着装制度。大唐女子穿的襦，由原来的大襟多变为对襟，衣襟敞开，不用纽扣，下束于裙内。为配合外衣的穿着，这一时期的内衣发生了较大的变化——首次出现了不系带的内衣，称为"诃子"（见图3-13）。唐代女子喜穿半露胸式裙装，她们将裙子高束在胸际，然后在胸下部系一阔带，两肩、上胸及后背袒露，外披透明罗纱，内衣若隐若现。内衣面料极为考究，色彩缤纷，与今天所倡导的"内衣外穿"颇为相似。为配合这样的穿着习惯，内衣需无带系吊。

图3-13　唐代穿诃子的仕女（唐·周昉《簪花仕女图》局部）

　　诃子常用的面料为"织成"，挺括且略有弹性，手感厚实。穿时在胸下扎束两根带子即可。"织成"可保证诃子内胸上部分达到挺立的效果。

　　抹胸　自宋代始，女子有束胸的习惯。宋代女子一般上身穿袄、襦、衫、背子、半臂，下身束裙子、裤，里面穿内衣"抹胸"，"上可覆乳，下可遮肚"，整个胸腹部全被掩住，因而又称"抹肚"，并用纽扣或带子系结。宋代的"抹胸""抹肚"早期写作"袜胸""袜肚"。抹肚自产生之日起就在不断地演变着。据马缟《中华古今注·袜肚》考证，袜肚"盖文王所制也，谓之腰巾，但以缯为之；宫女以彩为之，名曰腰彩。至汉武帝以四带，名曰袜肚。至灵帝赐宫人蹙金丝合胜袜肚，亦名齐裆"。袜肚有一个从围肚、围腹到围胸的变化过程，其名称也因此而各不相同，比如"抹腹""抹肚""陌衱""帕腹""抱腹""袖梭""福腹""兜肚"等。

――――――――――

　　① 原文盖有误，今改之。

造成一物多名的原因有：一是古人称名的随意性；二是袜肚所覆盖的范围包括胸、腹、腰、肚，面积较大，而这几个部位之间的界限又比较模糊。

平常人家多用棉制抹胸，俗称"土布"；贵族人家用丝制抹胸，并在其上绣以花卉。《金瓶梅词话》第六十二回写李瓶儿患了重疾，"面容不改，体尚微温，脱然而逝，身上止着一件红绫抹胸儿"。《红楼梦》第六十五回描写尤三姐装束："身上穿着大红小袄，半掩半开的，故意露出葱绿抹胸，一痕雪脯。"

元代，内衣称"合欢襟"，穿时由后及前，在胸前用一排扣子系合，或用绳带等系束。合欢襟的面料以织锦居多，图案为四方连续。

主腰　明代资本主义萌芽和发展，使得下层的市民文艺和上层的浪漫思潮得以蓬勃展开。而此时的女性更加注重个性审美，表现在内衣上，就是通过其形制来体现身材的完美。这一时期的内衣叫作"主腰""阑裙"，其外形与背心相似，开襟，两襟各缀有三条襟带，肩部有裆，裆上有带，腰侧有系带，将所有襟带系紧后形成明显的收腰，起到调节腰部肥瘦的效果。可见明代女子已深谙凸显身材之道，知道通过衣饰充分勾勒出女性身体的轮廓和曲线，使人体美得到充分展示。

主腰，通常为宫女所穿的款式，强调刺绣装饰。主，是系扣的意思。如《醒世姻缘传》第九回描写到："许氏洗了浴，点了盘香……下面穿了新做的银红绵裤，两腰白绣绫裙，着肉穿了一件月白绫机主腰。"主腰作为女子内衣的称谓，其实早在元代就有。戏曲家马致远在《落梅风》中就曾写道："实心儿待，休做谎话儿情。不信道为伊曾害。害时节有谁曾见来？瞒不过主腰胸带。"整只曲子以女主人公辩白的口吻，倾吐情思，"瞒不过主腰胸带"一语，更直白确切地表达了"衣带渐宽"之意。

兜肚　至清代，女子内衣的式样及品种愈来愈多，有"背心""一裹圆""抹胸"等。抹胸，又称"兜肚"，一般做成菱形，上有带，穿时套在颈间，腰部另有两条带子束在背后，下面呈倒三角形，遮过肚脐，达到小腹。兜肚只有前片，后背袒露。

系带的材质不一，以棉、丝绸者居多。系束用的带子并不局限于绳，富贵之家多用金链，中等之家多用银链、铜链，小家碧玉则用红色丝绢。这样的内衣直到民国年间仍为许多女子所穿。（见图3-14）

妇女所用的兜肚，一般多用粉红、大红等鲜艳的彩色布帛制作，一些心灵手巧的年轻妇女还常常在兜肚上绣

图3-14　民国年间女子兜肚

以各类精美花纹，反映爱情的荷花、鸳鸯图案是永恒的主题。而《红楼梦》第三十六回中就有这样的描写："原来是个白绫红里的兜肚，上面扎着'鸳鸯戏莲'的花样，红莲绿叶，五色鸳鸯。"秋冬季穿的兜肚往往絮棉，起到保暖的作用。

小马甲　20世纪二三十年代，抹胸被称为"小马甲"，其形制窄小，对襟，襟上加数粒扣，穿时将胸腰裹紧。小马甲吸收西方服饰的某些特点，便成了现在的胸罩。其面料以棉、丝为主。随着时代的发展，不管是主动还是被动，内衣的变化不仅有对传统内衣设计理念的继承，也有对西方内衣文化的接纳。

以上按时间先后叙述了内衣的基本形制及其变化，除此之外，内衣这一方寸之地，还承载了古代女子巧妙的创意、丰富的想象和深邃的文化内涵。

然而，有着丰富人文色彩的兜肚最终并没有逃脱被淘汰的命运。伴随着时代的发展和社会生活方式的进步，简便易穿的胸罩更容易被女性广泛接受，兜肚遂成为可以品评与欣赏的过去。

五、旗 袍

旗袍是 20 世纪上半叶流行的结合满族女性传统旗服和西洋文化而设计出的一种时装，是东西方文化糅合的具象。在当今部分西方人的眼中，旗袍是中国女性服饰文化的象征。虽然人们对旗袍的定义和产生的时间至今还存有争议，但这并不妨碍它成为中国悠久的服饰文化中最绚烂的现象和形式之一。

从字面意义上看，"旗袍"泛指旗人（无论男女）所穿的长袍，但事实上，只有八旗妇女日常所穿的长袍与后世的旗袍有所关联。清世祖入关后，随着政权逐渐稳固，就开始强制实行剃发易服，掀起了声势浩大的血腥杀戮，至此传统服饰——汉服几乎全被禁止穿戴，相传千年的上衣下裳的汉服形制只被保留在汉族女子家居时的着装中，庆典场合不分男女都要着袍，包括朝袍、龙袍、蟒袍及常服袍等。虽然其仍沿用"袍服"之名，但此时形制已经发生了部分改变：明代以前的袍为领领、交领、对领和圆领，袍身宽肥，袖身舒展，衣身用带结；清朝的袍则是立领，袍身稍窄，袖身也较短窄，衣身用盘纽。

当然，清初的这种旗袍也并非今天所说的旗袍，它衣长接近脚面，前后衣襟有接缝，偏大襟，无开衩，袖长齐手腕，袖口窄小，外观简洁且省料合体，另外其还有前中缝、后中缝和左、右边缝，叫作"四面开衩旗袍"，一般是王公贵族骑射时的装束。清代后期，旗女所穿的长袍衣身较宽博，线条平直硬朗，衣长至脚踝。旗袍设计中，元宝领用得十分普遍，领高盖住腮并碰到耳，袍身上多绣以各色花纹，领、袖、襟、裾都有多重宽阔的滚边。至咸丰、同治年间，镶滚达到高峰时期，有的甚至整件衣服全用花边镶滚，以致几乎难以辨识本来的衣料。至清后期，虽然官方禁止穿着汉服，但是满族女子违禁仿效汉族妇女装束的风气很盛，亦有汉族女子效仿满族装束的情况。满汉妇女服饰风格相互交融，两者之间的差别日益减小，遂成为旗袍流行全国的前奏。（见图 3-15）

清末，洋务派提出"中学为体，西学为用"的救国方略，派遣大批留学生到国外学习。在中国学生中，最先出现了西式学生的操衣和操帽。洋装的输入，提供了评判美的另一种参照系，直接影响社会服饰观念的变更。旗袍演化为融贯中西的新式款型，就深受西方影响。1924 年，清废帝溥仪被逐出紫禁城，清朝冠服就此成为绝唱。

图 3-15　穿旗装的妇女（清·吴友如）

从 20 世纪 20～40 年代起，旗袍风行，款式也多有变化，领子或高或低，袖子或长或短，开衩或高或矮，这些改变使旗袍彻底摆脱了老式样，让女性体态和曲线美充分显示出来。自 30 年代起，旗袍几乎成了中国妇女的标准服装，民间妇女、学生、工人、达官显贵的太太，没有不穿旗袍的。旗袍甚至成了交际场合和外交活动的礼服。其中，青布旗袍最受当时的女学生欢迎，全国效仿。旗袍样式丰富：从开襟样式看，有如意襟、琵琶襟、斜襟、双襟；从领子的样式看，有高领、低领、无领；从袖子的样式看，有长袖、短袖、无袖；从开衩来看，有高开衩、低开衩；从衣身长短来看，有长旗袍、短旗袍；从厚薄来看，有夹旗袍、单旗袍；等等。

20 世纪三四十年代是旗袍的黄金时代，也是近代中国女装最为光辉灿烂的时期。这时的旗袍造型纤长，与此时欧洲流行的女装廓形相吻合。旗袍的裁法和结构更加西化，胸省和腰省的使用使旗袍更加合身，同时出现了肩缝和装袖，使肩部和腋下也更合体。旗袍的局部也被西化，在领、袖处采用西式的处理，如用荷叶领、西式翻领、荷叶袖等，或用左、右开襟的双襟。还有人还使较软的垫肩，

谓之"美人肩"。此时旗袍已经完全跳出了旗女之袍的局限，成为中西合璧的新服式。同时，旗袍与西式外套的搭配也是这一时期着装的一个亮点，这使得旗袍进入了国际服装大家族，可以与多种现代服装组合。

　　建国之初，人们对衣着美的追求被狂热的革命热情所淹没，旗袍失去了存在的文化土壤，其所代表的娴静、优雅的淑女形象在这种氛围里失去了生存空间。

第四章

首服

首服，又称"元衣""头衣"，特指头上的冠戴服饰。上古文献中并没有"帽"字，统以"头衣"称之。《后汉书·舆服志》中最早记载了首服的来源："上古穴居而野处，衣毛而冒（帽）皮。"即古人用皮缝合成帽子，以避风沙雨雪。相传古人在狩猎活动中受到鸟兽冠角的启发，才发明了冠这种头饰。

因"元"为"首也"，所以汉人认为"定礼之大，莫要于冠服"[①]。中国历来就有"衣冠王国"之称，衣冠是汉族礼法制度的根基之一。《礼记·冠义》云："冠者，礼之始也。"可见古人对首服也格外重视，非常强调用冠来区分尊卑长幼，这也表明首服在整个服饰中具有非常重要的地位。

古人注重冠帽的标识作用，并世代延续着对冠服的理性审美观和价值观，很多正式服饰都是以佩戴的冠名来命名的。同时，比之其他服饰的功能，首服是中国传统文化中最能体现等级身份和性别差异的服饰，这不仅表现在贵族和平民首服的差别上，而且类似"乌纱帽"等词语也已经成为传统文化中"权力"的代名词。与之相关的诸如"轩冕之志""冠冕堂皇""弹冠相庆""衣冠楚楚"等词语无一不体现了冠服权力文化的特征。可以说，冠服的起源和演变，基本体现的是男权社会的权力和地位。因为女子除了在着礼服（翟冠）及皇家（如凤冠）着装中才有戴冠之礼外，其余一般无巾冠之俗，所以冠帽在一定程度上成为男性的标志。虽经朝代更迭，但冠作为统治阶级内部地位和权力象征标识的特征却始终没有变化，且不断细化、精确化、等级化。正因为首服是中华古代帝制服饰中最为显著的表征，因而当旧的社会秩序瓦解时，它的脉搏便戛然而止。

从类型上看，首服包括冠冕、弁胄、幅巾、幞头、乌纱等。不同的冠式都隐含了时代的精神和人们的身份特征。

---

① 参见胡蕴玉：《发史》，车吉心总主编：《中华野史》第 11 册，泰山出版社 2000 年版，第 298 页。

一、帽

　　东汉许慎《说文解字》并未收入"帽"这个字，可见"帽"字出现于东汉以后，但这并不表明东汉以前没有帽子。事实上，帽在远古时期即已出现。1976年，陕西临潼邓家庄新石器遗址出土了陶人像，陶人所戴的帽的形制与后世毡帽相似，这表明在5000年前就已经有了帽。西安半坡临潼姜寨出土的人面纹彩陶盆上的人形图案头顶就有鱼尾型尖帽，也符合新石器时期遗留下来的帽式特征。但是，古代人们重视冠冕，鄙夷帽子。如东汉许慎《说文·日部》曰："冒，小儿蛮夷头衣也。"可见，直到汉代，人们对帽子还略带有贬低、鄙视之意。古人戴帽和戴冠不同，戴冠是为了装饰，而戴帽却是为了御寒。

　　露髻缠头帽　夏、商、周三代，是服饰从兴起走向鼎盛的阶段。商人服饰的具体形制较夏人要清晰一些，这得益于河南安阳殷墟出土的丰富的殷代文物。安阳殷墓出土的玉人立像，身着上衣下裳，头戴帽。这尊跪坐玉人，衣作交领，腰间束有大带，头上所戴头饰因

图 4-1　殷代人的头帽摹绘（河南安阳殷墟出土）

其露顶，更像缠头而不能称之为"冠帽"。这种露髻的缠头帽在安阳出土的其他石人头上也有出现。（见图 4-1）可见，其在商代即便不是一时之时尚，也曾是一种很重要的头饰。

　　帢帽　秦汉时期，帽子多为西域少数民族所戴，中原地区除御寒保暖外，一般很少有人戴帽。三国时期，曹魏用缣帛制作了一种尖顶、无檐、前有缝隙的首服，定名为"帢"。从当时留下的史籍来看，帢十分流行。如《三国志·魏志·武帝记》注引《曹瞒传》曰："太祖为人佻易无威重……时或冠帢帽以见宾客。"北

魏孝文帝推行汉化改革，严禁人们戴帽子。据《魏书》及《北史》记载：魏孝文帝一次南征回京，见城里妇女仍戴便帽、着小袄，就责备留守的任城王元澄。元澄辩解说，戴帽子、穿小袄的只是少数。孝文帝听后很生气，质问他：你是否觉得全城人都应该戴帽子、穿小袄呢？随后将任城王及其他留守官员全部罢免，上演了一出为帽子而罢官的历史剧。可见，当时少数民族戴帽子还十分普遍，而且，戴不戴帽子在当时已经成为具有重要政治意义的事件。

乌纱帽　两晋南北朝时期，制帽的材料发生了变化，原来质地厚实的缣帛被轻薄的纱縠所代替，帽子的作用也就不仅限于御寒，春夏之季也可戴之，这样一来，戴帽子的人大为增加。上自天子，下及黎庶，皆喜欢戴一顶帽子。由于纱縠的结构稀疏，透气性强，因此常被用作制帽材料。以纱縠制成的帽子称"纱帽"。《宋书·五行志一》记："明帝初，司徒建安王休仁……制乌纱帽，反抽帽裙，民间谓之'司徒状'，京邑翕然相尚。"纱帽的颜色主要有黑、白两种，白色多用于帝王贵族，黑色多用于百姓士庶。纱帽质地较轻，因此一遇大风就有可能被吹落，出现"风落帽"的情况，这在古诗中是比较常见的。如李白《九日龙山饮》诗曰："醉看风落帽，舞爱月留人。"又如宋代辛弃疾《玉楼春》词云："思量落帽人风度，休说当年功纪柱。"为适应等级制度的需求，隋代用乌纱帽上玉饰的多少来显示官职的大小：一品有九块，二品有八块，三品有七块，四品有六块，五品有五块，六品以下没有玉饰。

隋唐时期，纱帽更为世人所钟爱。当时，纱帽的款式并无固定规制，或为圆顶，称"圆帽"；或为方顶，称"方帽"；有的作成卷檐式，形似荷叶，称"卷荷帽"；有的制成高顶形状，形如屋脊，称"高屋帽"。《隋书·礼仪志七》就记曰："宋、齐之间，天子宴私，着白高帽，士庶以乌，其制不定。或有卷荷，或有下裙，或有纱高屋，或有乌纱长耳。"马缟《中华古今注·乌纱帽》记载："武德九年十一月，太宗诏曰：'自今已后，天子服乌纱帽，百官士庶皆同服之。'"

宋代社会崇尚礼制和简约，这一时期戴胡帽者已不多见，但纱帽依旧流行，

尤其在士大夫阶层，戴纱帽成为一种时尚。纱帽的款式有很多种，最流行的是高顶纱帽。其以乌纱为之，顶高檐短，颇像高桶，因此又称为"高桶帽"。传说，这种帽子为苏东坡所创，苏东坡在被贬之前经常戴，后来的士大夫竟纷纷效仿，并改其名为"东坡帽"，或称"子瞻样"。

赵匡胤登基后，为防止议事时朝臣交头接耳，下诏书更改乌纱帽的样式：在乌纱帽的两边各加一个翅。如此一来，大臣们只要交头接耳，软翅就忽悠悠悠颤动，皇上居高临下，看得清清楚楚。为了区别官位高低，人们还在乌纱帽上装饰了不同的花纹。

明代开国皇帝朱元璋定都南京后，于洪武三年（1370 年）明文规定：凡文武百官上朝和办公时，一律要戴乌纱帽、穿圆领衫、束腰带。另外，取得功名而未授官职的状元、进士，也可戴乌纱帽。（见图 4-2）从此，乌纱帽遂成为官员的一种特有身份标志。

图 4-2　明代乌纱帽（上海潘允徵墓出土）

到了清代，官员的乌纱帽被换成红缨帽。但直至今天，人们仍习惯将"乌纱帽"作为官员的标志，"丢掉乌纱帽""乌纱帽不保"也就意味着削职为民了。

胡帽　唐代国势强盛，对外来文化也采取兼容并包的态度，胡人大量入唐，其服饰也深刻地影响着唐人的服装。胡人的帽子统称为"胡帽"，是中原地区汉族人民对西域少数民族所戴之帽的总称。具体地说，胡帽包括蕃帽、锦帽、搭耳帽、浑脱帽、卷檐虚帽等。

蕃帽是吐蕃、西蕃地区少数民族所戴的一种便帽，通常以彩锦、羊皮、绒毡等作为材质，由珠子组成各种纹样缀于帽上，又称"珠帽"。唐人李端《胡腾儿》有诗曰："红汗交流珠帽偏。"这里的"珠帽"就是蕃帽。由于蕃帽装饰漂亮，因此受到唐代女性的垂青。

　　锦帽，顾名思义，是用彩锦制成的帽子。锦帽通常和胡服中的锦袍相配。其传入中原后，男子、妇女都可戴。苏轼《江城子·密州出猎》中就曾记："老夫聊发少年狂，左牵黄，右擎苍。锦帽貂裘，千骑卷平冈。"锦帽的形式有多种，可做成尖顶、圆顶，还可做成翻檐、敞檐，有的还做成风帽式样的。

　　浑脱帽最初来自游牧之家。放牧人在宰杀小牛后，自牛脊上开一孔，去其骨肉，然后以皮充气，待干燥后戴在头上当帽子，俗谓"皮馄饨"。传入中原后，浑脱帽多用动物的皮、毡或质地厚实的织物缝制而成，帽顶呈尖形，唐诗"织成蕃帽虚顶尖"描写的就是此种帽子。当时这种帽子深受王公贵族的喜爱。相传唐太宗时，长孙皇后之兄长孙无忌效仿胡俗，用乌羊皮做了一顶暖帽戴在头上，人们见后觉得非常美观，于是纷纷模仿，遂出现了"都邑城市，相率为浑脱"[①]的盛况。

　　卷檐虚帽在唐诗中很常见。如张枯《观杨瑗柘枝》诗称："促叠蛮鼋引柘枝，卷帘虚帽带交垂。"诗中所说的"卷帘虚帽"就是一种男女通用的胡帽，由锦、毡、皮缝合而成，考究者外蒙绫绢，并施以彩绣。帽顶较为高耸，呈正梯形，帽檐朝上翻卷，左、右两侧或装有护耳。有时在帽子四周还装有一些金属质小铃，动辄有声。该帽最早是由舞者所戴，盛唐时进入中原，不分男女，均喜戴之。

　　瓦楞帽　元代统治者作为游牧政权的建立者，在服饰上依旧保留了原有的传统，衣服履袜的材质多以皮制为主。帽子也不例外，只是在皮毛之外，蒙覆了各色织物。元人的帽子不仅保暖，还能区分身份与民族，同时也非常美观。官民皆戴帽，其檐或圆或方，前圆后方。帽子的种类以暖帽、短檐帽、钹笠帽为主，其中暖帽是游牧民族传统的帽式，为适应高寒地区的气候而设计，制作材料以皮革为主，帽顶挂兽皮为饰。形状多为瓜皮形，扣紧头部，帽檐缘毛皮出锋。夏季，通常都戴笠帽，帽上装饰有各种珠宝。最有特色的是士庶男子所戴的一

① （宋）王溥撰：《唐会要》卷三四《论乐》，第 626 页。

种笠帽，用藤篾精心编织而成，帽檐有圆形或方形多种，顶部高突，状如瓦楞，称为"瓦楞帽"。（见图4-3）

　　三山帽　明代社会商品经济发达，服饰设计也呈现多样化的发展趋势。这一时期，除原有的乌纱帽外，帽子还有其他种类。如三山帽，以漆纱制成，圆顶，帽后高出一片山墙，中凸，两边削肩，呈三山之势，故名。明人罗懋登《三宝太监西洋记通俗演义》记："（郑和）头上戴一顶嵌金三山帽，身上穿一领簇锦蟒龙袍。"可见，三山帽也是当时的一种官帽。

图4-3　戴瓦楞帽、穿辫线袄的男子
（河南焦作出土陶俑）

　　六合一统帽　六合一统帽为普通男子所戴的一种圆形帽。这种圆帽以纱、罗、缎、绒等制成，也有用马尾或人发编织的，通常裁为六瓣，以黑色为主，夹里用红色。相传，这种帽式出自明太祖朱元璋之手，制为六瓣，寓意六合一统，天下归一，因此定名为"六合一统帽"。六合一统帽可以说是明代平民阶层使用时间最长、最普遍的一款首服，贯穿明代始终。

　　明清易帜，剃发易服。《清世祖实录》记：顺治元年，清军入山海关后，令城内军人剃发。多尔衮于五月初二进入北京，次日即命兵部派人到各地招抚："薙发归顺者，地方官各升一级，军民免其迁徙。"还要求投诚官吏军民"皆着剃发，衣冠悉遵本朝制度"。[①] 衣冠礼仪是一个国家尊严和心念的外在体现，所谓"修身、齐家、治国、平天下"的天命也要从头开始，这就不难理解剃发易服之令何以在亡国之民中掀起极其巨大的震动了。当然，这种震动更多地集中在剃发与冠帽这些极具汉族象征意义的内容上，而民间流行的帽子并未受到太大冲击，

　　① 《清世祖实录》卷五"顺治元年五月庚寅"条，见《清实录》第3册，中华书局1985年版，第57页。

并且形成了明清相承的局面。清代最为常见的便帽有以下几种：

瓜皮帽　瓜皮帽又称"小帽""秋帽""西瓜皮帽"。瓜皮帽基本沿袭了明代的六合一统帽样式，帽作瓜棱形圆顶，用六片罗帛拼成，后又流行圆平顶。帽胎分软、硬二式，材料有黑缎、纱，多为市民百姓所戴。《枣林杂俎》记载："清时小帽，俗呼'瓜皮帽'，不知其来已久矣。瓜皮帽或即六合巾，明太祖所制，在四方平定巾之前。"①瓜皮帽到清代使用范围更广，但由于清人没有发髻，清代帽子的高度严重下降。与明代不同的是，清式小帽檐有锦沿，富贵之人常在锦沿上镶嵌明珠、宝石。此外，帽顶也常用红绒结顶，顶后还要垂缨30多厘米。

毡帽　此为民间戴得最多的帽式之一。平民戴的毡帽有半圆形平顶的和半圆锥状尖顶的，其中半圆形平顶的后有耳，前有檐。而士大夫家居所戴毡帽则是在以上式样上加金线蟠缀成各种花样。由于北方寒冷，人们还常在毡帽中加入皮毛。

风帽　风帽是清代男女老幼都喜欢戴的一种御寒首服。按材质可分为夹风帽、棉风帽和皮风帽三种。风帽以绸缎或呢为材料，类似观音大士所戴的观色，所以又有"观音兜"之称。帽分左、右两片，于当中缝缀而成。风帽的样式有长有短，短只及肩，长则可达脚踝。所以，长风帽与披风的区别只在有无帽上。戴时帽顶遮至前额，侧兜两颊左、右有带可系于颌下。风帽最早以北方少数民族所戴为多，因为较适合于军旅，所以渐为中原人民采用，但多用于出行。"狗头戴"是孩童的防寒帽，也属于风帽的一种。因左、右有两个类似于狗耳朵的掩耳装饰而得名。

笠帽　笠帽指用竹篾或棕皮编制的遮阳挡雨的帽子。（见图4-4）《礼记·郊特牲》说："草笠而至，尊野服也。"笠帽多为农夫戴用。笠起源于远古，武氏祠画像石中的夏禹就作戴笠持耜的农夫装束；汉代的陶俑中也有戴笠的农夫。不过笠仅用于御暑或御雨。正如《诗经·小雅·无羊》所言："尔牧来思，何蓑

---

① 邓之诚著，邓瑞整理：《骨董琐记全编》，中华书局2008年版，第33页。

何笠。"毛传:"笠所以御暑。"《诗经·小雅·都人士》:"彼都人士,台笠缁撮。"毛传:"笠所以御雨。"明清时期,广大劳动人民在田间劳作时多戴笠帽。

1895年,孙中山剪辫易服。1907年,章太炎以军政府名义发表革命檄文《讨满洲檄》,列数清王朝的种种罪恶并檄告天下。其中一条就是:"往时以蓄发死者,遍于天下,至今受其维系,使我衣冠礼乐,夷为牛马。"①革命党号召百姓剪掉辫子,但仍有许多人对辫子恋恋不舍,于是革命军只好在大街小巷强行剪掉人们的辫子,成为时代一景。民国政府规定的新礼服标准是:男子大礼服为西服,

图4-4 戴笠帽或网巾的农夫(明·宋应星《天工开物》插图)

带高而平顶的有檐帽子。常礼服为西服,带低而有檐的圆顶帽子。至于帽子的材料,冬天用黑色毛呢,夏天用白色丝葛。民国期间,民间的帽子更为多样化,有红缨帽、软缎圆形枣顶硬身礼帽、软缎圆形枣顶软身礼帽等。农民戴毡帽、皮棉帽、尖草帽;商儒戴瓜皮帽、凉帽。一般士绅所戴瓜皮帽多为黑缎子质地,俗称"帽塔"。

二、冠

冠,是适应束发的发型而产生的,它原是加在髻上的发罩,所以《白虎通·衣裳》称之为"蜷持发"之具,《释名·释首饰》称之为"贯韬发"之具。《说文·一部》

---

① 郑振铎编:《晚清文选》卷下,吉林人民出版社1998年版,第757页。

也说冠的作用是"纂发"。它与发髻结合在一起，意义着重于礼仪，与帽子之重实用有着很大不同。因此，《淮南子·人间训》又说：冠"寒不能暖，风不能障，暴不能蔽"。从形制来看，冠并不把头顶全部罩住，而是用一个冠圈，圈上有一根不宽的冠梁，从前到后覆在头顶上。冠的作用主要是把头发束缚住，同时也是一种装饰物。戴冠时，首先要把束在一起的头发盘绕在头顶处（髻），用缁把头发包住，然后加冠、笄、簪。

缁，后来写作"纵"，指一块整幅的缁帛（黑帛），其宽约73厘米，长约2米。因为戴冠必先以纵韬发，所以古人有时以"纵"指代冠。如西汉扬雄在《解嘲》一文中说："戴纵垂缨而谈者皆拟于阿衡。""戴纵"即戴冠。

现藏于中国国家博物馆的一件商代人形玉佩上所戴的高冠，反映了那一时期着冠的情况（见图4-5）。此人所戴之冠造型峭拔繁杂，看上去似乎不是普通人平素所戴。结合商代所处的社会大背景来看，彼时的头饰的表意功能已经相对明显，它不单单是头部装饰，而且还蕴涵着很丰富的社会标志性功能。从裸头总发、露髻缠头到帽，再到高冠，反映了那个时代元衣的发展轨迹和功能变化。

图4-5　商代高冠人形玉佩饰（中国国家博物馆藏，描摹）

时至西周，在生产力发展的基础上，人们创造了超自然的人为社会框架。在这个框架中，头冠作为最能体现人为价值的衣饰，将身份、地位、权力等等级观念体现得淋漓尽致。

此一时期，冠是成人的标志。《礼记·曲礼上》曰："男子二十，冠而字。"行冠礼时有很繁缛的仪节。《礼记·曲礼上》又说："人生十年曰幼，学；二十曰弱，冠。"意思是说10～20岁是幼年，任务是学习；20～29岁是弱年，进入这个

阶段时要行冠礼。后代即以"弱冠"连称表示年岁。唐王勃《滕王阁序》就有"等终军之弱冠"的句子，此处所言"弱冠"就是指 20 多岁。

20 岁以前的孩子发式为垂发，称为"髫"。如《后汉书·伏湛传》中云："髫发厉志，白首不衰。"这里的"髫发"就指孩童垂发。陶潜在《桃花源记》中说"黄发垂髫，并怡然自乐"，就是以"垂髫"代指孩童。在古人的观念里，"身体发肤，受之父母"，所以古人并不剪发，小孩的头发长长了，就靠紧发根扎在一起，谓之"总发"。如果不是把头发扎成一束，而是扎成左、右两束，就叫"总角"。《诗经·卫风·氓》有"总角之宴，言笑晏晏"一句，其中"总角"即指年幼之时。弱冠之后，因为戴冠就要束发，所以古人又用"结发""束发"表示 20 岁。如《史记·平津侯主父列传》中说："臣结发游学四十余年。"陈子昂《感遇》中也有"自言幽燕客，结发事远游"的描述。

正因为冠是贵族到了一定年龄所必戴的元衣，所以这也成为他们区别于平民的标志。李白《古风》中就有"路逢斗鸡者，冠盖何辉赫"的诗句；鲍照《代放歌行》也说"冠盖纵横至，车骑四方来"。如果与"童子"等表示年龄的词语对称，"冠"的意思便偏重于指成人（当然不是庶民）。冠对于贵族的重要性，正如《国语·晋语六》所言："人之有冠，犹宫室之有墙屋也。"

固定冠的物件在先秦时叫"笄"，从汉代起叫"簪"。笄、簪一般为细长的钎子，一头锐，一头钝。钝的一头有较为华美的装饰，一般是竹子做的，所以"笄""簪"二字皆从"竹"。早在新石器时代就已经出现了笄，如骨笄、蚌笄、玉笄、铜笄等。专门用以固定头发的叫"发笄"，固定冠冕的叫"衡笄"。杜甫《春望》中的"白头搔更短，浑欲不胜簪"的诗句，就是说年纪大了，头上的白发越发短而稀少，都快别不住簪子了。

为了防止冠冕掉下去，人们便在冠圈两旁加上丝绳，可以在颔（下巴）下打结，把冠圈固定在头顶上，这两根丝绳叫"缨"。《左传·哀公五年》记载，在卫国政变中，子路的缨被砍断，冠就歪了。子路说："君子可以去死，但冠不能歪。"

于是，他庄重地正好冠，结好缨，从容战死。由此也可以看出，缨关系着冠的固定。缨打结后余下的部分垂在额下，称为"緌"，也是一种装饰。系冠还有另外一种办法，即用丝绳兜住下巴，丝绳的两头系在冠上。簪与缨既然是必不可少的冠饰，因此在古代作品中常用以指代冠和戴冠之人（士大夫）。如杜甫有诗曰"空余老宾客，身上愧簪缨"。

在等级社会中，冠是用以区别身份和地位的符号，关于冠式的规定也因之而较为复杂。冠的种类很多，如法冠、刘氏冠、巧士冠、高山冠、方山冠、建华冠、却敌魁、武冠等。东汉明帝永平三年（60年），制定了一整套冠服制度：皇帝用通天冠，各诸王用远游冠，官吏用高山冠和进贤冠，执法御史用法冠，武官用武冠，殿前仆射用却非冠，卫士用却敌冠，殿门卫士用樊哙冠，骑士用术士冠和鹖冠。以上11种冠式的质料和冠上的装饰品各有不同。

以下按照时间顺序，根据功能差异，大致叙述各种冠式的起始及沿革经过。

颓冠　颓即额带，首服中最简单的形式，就是以布或革条箍于发间。《诗经·小雅·颓弁》云："有颓者弁，实维在首。"颓冠在商代大概很流行，从出土的商代玉人像来看，"颓"往往被制成扁平冠饰，有的还在结处缀以玉石等饰物。颓被视为后世冠巾的始祖。

春秋战国时期，群雄割据，律令异法，这样的局面造成了各国服饰的差异，表现在冠式上就是形同而质异。春秋战国时期的贵族冠帽如下：

高冠　高冠为这一时期楚国男子所戴。高冠的冠带系于颌下，两侧有组缨下垂系于颌下，脑后辫发上挽，包入冠内。（见图4-6）

缁布冠　这是齐国贵族的主要冠式。顾名思义，以黑色布为之。商代人形玉雕有一种布质帽

图4-6　战国时期戴牛角高冠饰的玉人（河北平山中山国王族墓出土）

冠，其罩覆盖着额头发际及后脑，冠顶四周有缀物固冠，应该就是缁布冠的较早形态。《礼记·郊特牲》云："太古冠布，齐则缁之。"《仪礼·士冠礼》也云："缁布冠缺项青组。"郑玄注曰："缺，读如有頍者弁之頍。缁布冠无笄者，著頍围发际，结项中，隅为四缀以固冠也。项中有缅，亦由固頍为之耳。"按周制冠礼，初加缁布冠，而后加皮弁和爵弁。

委貌冠　委貌冠亦称"玄冠"，以玄色帛为冠衣，故名。《仪礼·士冠礼》中说这种帽冠在夏时称"毋追"，殷时称"章甫"，周时称"委貌"。委貌冠后来发展为诸侯朝服之冠。委，意为安定；貌，意为正容。"委貌"一词即指礼仪之道。委貌冠与另一种冠——皮弁极为相似，后者以皮革为冠衣，冠上饰以饰物。

秦汉时期，天下一统，春秋战国割据状态下形成的各种帽式多被继承下来并加以改进。

獬豸冠　因其形类似獬角而得名。獬豸，似羊非羊，似鹿非鹿，体形大者如牛，小者如羊，类似麒麟，全身长着浓密黝黑的毛，双目明亮有神，额上通常长一角，俗称"独角兽"，是中国古代神话传说中的神兽。獬豸拥有很高的智慧，懂人言，知人性。它怒目圆睁，能辨是非曲直，能识善恶忠奸，发现奸邪的官员，就用角把他触倒，然后吃下肚子，故又有"神羊"之称，是勇猛的象征，也是司法"正大光明""清平公正""光明天下"的象征。獬豸冠因之也被称为"法冠"，是古代执法官吏戴的帽子。《后汉书·舆服志下》云："执法者服之……或谓之獬豸冠。"这种帽式早在商周时期就已存在，至汉代时成为正式法服。

长冠　长冠为汉高祖刘邦为亭长时所带的一种楚冠，用竹皮编制，故又称"刘氏冠"。后定为公乘以上官员的祭服，又称"斋冠"。汉代江山初定时把该冠定为祭祀大典上通用的帽冠。（见图4-7）

笼冠　笼冠是汉代的武弁大冠，商周时就有这种冠，形如覆杯，前高后锐，以白鹿皮制作。但汉代武弁大冠不用鹿皮制作，而用很细的缯（细纱）制作，做好后再涂以漆，内衬赤帻。湖南长沙马王堆3号西汉墓及沂南东汉画像石墓门

图4-7　戴长冠的木俑（湖南长沙马王堆汉墓出土）

横额上均可见到这种冠式。西汉时武官一般不戴金属的胄，而戴武弁大冠。东汉时，武士多穿甲胄而不戴武弁大冠，但出现了笼冠。笼冠就是以一个笼状的硬壳套在帻上，从造型看，它是汉代武弁大冠的进一步发展。南北朝时期，在《女史箴图》《洛神赋图》及北朝各石窟礼佛图、供养人像和陶俑中都可见到戴笼冠的人物。隋代的笼冠外廓上下平齐，左右为略带外展的弧线，接近一个长方形。唐贞观（627～649年）到景云（710～711年）间的笼冠外罩呈梯形，式样吸收了贤冠的特点而趋华丽，渐与通天冠、梁冠中的某些装饰靠拢，最后演变为笼巾。

　　远游冠　其多为王公所戴，有展筒（即冠前的横围片），冠上一般饰有三梁，有时也衬黑介帻或青绥以作装饰。远游冠其形方，后倾，外有围边，开前合后。《后汉书·舆服志下》说其"制如通天，有展筩横之于前，无山述，诸王所服也"。

　　武冠　武冠又称"鹖冠"。鹖即鹬鸟，今俗称"野鸡"。据传，鹖性好斗，至死不却，因此为武官饰，以示英武。此冠形状较特殊，前半部如方形板，后半部歧分为二，并旋转成双卷的雉尾形。鹖冠通常为红色，个别的冠带用橘红色，冠质硬直，似为漆布叠合而成。从文献记载来看，这种冠始于战国时的赵武灵王，秦因袭之。秦代对六国的制度多所损益，鹖冠不独为武士所戴，文士也有戴此冠者。自汉魏直至唐代，史籍中一直都有关于鹖冠的记载，不过唐代以后，此冠逐渐沦落为贫民的"贫贱之服"，旋即退出历史舞台。

　　樊哙冠　这是汉代独创的一种冠式。此冠取义鸿门宴时，樊哙闻项羽欲杀刘邦，忙裂破衣裳裹住手中的盾牌戴于头上，闯入军门，立于刘邦身旁以保护刘邦，后创制此种冠式以名之，赐予殿门卫士佩戴。

　　进贤冠　进贤冠也是汉代颇为流行的重要冠式，上自公侯、下至小吏都戴此

冠。魏晋南北朝继之，并演变为梁冠，唐宋时成为法服，形式也在不断发生变化。

魏晋南北朝时期，尽管社会动荡，经学崩溃，但主流阶层官员的冠式却少有变化，大多承接秦汉之制。如笼冠就来自于汉时期的武冠，梁冠则来自于进贤冠。一般为文官所戴。冠上有梁为记，以梁的多少来分等级爵位，一品7梁，二品6梁，三品5梁，四品4梁，五品3梁，六品、七品2梁，八品、九品1梁。进贤冠形制呈前高后低的斜势，形成前方突出一个锐角的斜俎形，称为"展筒"。展筒的两侧和中间是透空的。

通天冠　通天冠是唐及以后级别最高的冠帽，其形状与汉画中的进贤冠结构相同。二者的不同在于，进贤冠是前壁与帽梁接合，构成尖角，而通天冠的前壁比帽梁顶端更高出一截，显得巍峨突出。《隋书·礼仪志》称这种冠式为"前有高山"，故通天冠又叫作"高山冠"。唐代的通天冠，帽身饰有等距离的直线纹，就是通天冠的梁数。《新唐书·车服志》中说通天冠有24梁，这大概是晚唐时的制度。唐代的通天冠与汉代的通天冠相比略有差异：汉时古朴简陋，而唐代则华丽繁复。唐代通天冠的基本造型直接为宋明承继。

建华冠　建华冠又名"鹬冠"，可能以鹬羽为饰而得名。此冠为明代乐舞人祀天地五郊所戴之冠。其制，以铁为柱卷，贯大铜珠九枚，形似缕簋，下轮大，上轮小，好像汉代盛丝的缕簋。

以上冠式多为贵族大臣所戴。古代帝王戴的冠又称"冕"。关于冕的式样，本书第二章中已作介绍，在此只叙述冕在西周以后发展变化的情况。

许慎《说文解字·月部》曰："大夫以上冠也，邃延、垂旒、纮纩。"冕本是天子、诸侯、大夫都可佩戴的祭服，但后来只有帝王才能戴冕有旒，于是"冕旒"就成了帝王的代称。

冕冠的各个部件都具有各自不同的功能和象征意义，在基本形制和内涵不变的前提下，为了追求美感和实用性，有的部件又常被加以改进：一是冕板的形制。通过对历代《舆服志》所作比较，冕板形制基本没有发生变化，都是前

低后高，前圆后方，呈前俯之状，以示俯伏谦逊，象征君王应关怀百姓之义和"天圆地方"的天地观念，但是冕板的尺寸还是发生了一些改动。据《礼记·玉藻》记述，冕板"广八寸，长一尺六寸"；到汉代，据蔡邕《独断》云，汉孝明皇帝永平二年（59年），制冕旒，"皆广七寸，长尺二寸"；而《宋史·舆服志三》所记载冕冠"广一尺二寸，长二尺四寸"。二是天河带的变化。天河带本来只是綖上一道纩，用于垂挂纩，后来发展成长长的天河带，既体现了皇帝的尊严，也增加了动态的美感。三是结缨。结缨在周制冕中是连在笄一端的一根丝带，由额下绕过，系于笄的另一端，此丝带被称为"纮"。不过这样系起来会很麻烦，因而此后将其改为在下颏下结缨。

冠、冕、弁都是尊者所戴之物，是尊贵的象征。至清代，统治者曾试图废除汉人冠冕之制，因袭满族旧制，以体现服饰与正统地位的关系。清帝的朝冠作圆锥形，下檐外敞呈双层喇叭状，用玉草（产于关东北，进关后视此草为发祥之物）或藤丝、竹丝做成，外裱以罗，在两层喇叭口上镶石青色织金边饰；以红纱或红织锦为里，外层缀朱纬，内层安帽圈，圈上缀带。冠前缀金累丝镂空金佛，金佛周围饰以东珠15颗，冠后缀金累丝镂空舍林，有东珠7颗。冠部再加缀金累丝镂空云龙，嵌大东珠宝顶。夏冠与冬冠冠式相同。（见图4-8）

作为一种文明的象征，冠冕走进了人类的视野，并作为等级的表现，不断演变于朝代的更替之中。伴随着时代的进步与发展，曾经的冠冕也只能内化为一种曾经高贵的物质与精神文化，消失于"冠冕堂皇"之类词语所能描述的意境中。

图4-8　雍正皇帝像

三、苍头幅巾

冠、冕、弁等多是指贵族官僚之首服，对普通人而言，巾帻才是最实用的头衣。巾帻的出现缘于古人的发式。"身体发肤，受之父母，不敢毁伤"①的儒家思想，形成了古代男女皆蓄长发的习俗。为了日常生活的方便，人们需挽结束发，以利于劳作。而挽发本身又必须借助于一定的工具，因此既实用又能体现人们审美情趣的巾帻便应运而生。

1. 巾

西汉刘熙《释名·释首饰》言"二十成人，士冠，庶人巾"，是说20岁成人之后，贵族戴冠，百姓戴巾。至于巾是如何发展来的，我国第一部按部首分门别类的汉字字典《玉篇》曾解释说：巾，"佩巾也，本以拭物，后人着之于头"。可见巾原本是劳动人民带在身上的擦汗布，为了御寒或防晒，有时也裹在头上当帽子用，于是便成了头巾。庶人的头巾是黑色或青色的，所以，秦称百姓为"黔首"（黔，黑色），汉称仆隶为"苍头"（苍，青色）。可见，巾是庶人卑贱的标志。

但时至汉末，这种情况发生了变化，据说这种变化与王莽有一定关系。王莽本是个秃头，为掩盖自己的缺陷，就在戴冠之前扎一块幅巾。不想这种举动却被下人当成时尚进行模仿，上行下效，久而久之，遂成风气。尤其在汉代末年，王公显贵大多弃置王侯服饰，把头戴幅巾视为君子风度。东汉袁绍、崔豹等人，虽身为将帅，但"皆著縑（细绢）巾"。罗贯中在《三国演义》第四十五回《群英会蒋干中计》中也曾这样描述蒋干："干葛巾布袍，驾一只小舟，径到周瑜寨中。""干戴上巾，潜步出帐。"葛巾，就是葛布制的头巾，与下句的"巾"同指一物。其实，汉末巾十分盛行，不仅蒋干这类文人使用，连周瑜、袁绍那些武将也着之，

---

① 曲行之译注：《孝经·开宗明义章》，浙江古籍出版社2011年版，第1页。

以显示风流文雅。

关于以裹巾为雅的时尚，在《晋书·五行志上》中还有另外一番解释："魏武帝以天下凶荒，资财乏匮，始拟古皮弁，裁缣帛为白帢，以易旧服。"因为幅巾不仅便于搭配服饰，还具有高雅脱俗的感觉，故而被人们所使用。及至魏晋时期，玄学日昌，人们视戴冠为繁文缛节，而幅巾简易轻便，于是"王公名士，以幅巾为雅"，颇有一种厌弃冠冕公服、反叛礼教制度的意味。无论出于经济匮乏的考虑还是礼制解体后对个性的追求，人们多就便处理衣着，服巾者日益增多，并终变为习俗。

《晋书》中记载，汉末，王公名士多委王服，以幅巾为雅。很多武将文臣及名士高人，着巾子自出心裁，发明出不同的名目。如：诸葛亮所戴巾称为"纶巾"；《后汉书·郭太传》记载，东汉名士郭林宗"尝于陈梁闲行遇雨，巾一角垫"，其头巾被雨水打湿，一角下折，时人纷纷效仿，故意折起头巾的一角，名曰"林宗巾"；《宋书·陶潜传》载，东晋隐士陶潜每"值其酒熟，取头上葛巾漉酒，毕，还复着之"，因此其所戴葛巾又被称为"漉酒巾"。对此，沈从文先生认为，这些"创造"虽然"相当草率，也相当重要"[1]。图4-9展示的便是这一时期士人所着巾子。

唐、宋、元、明时期，无论是风雅文士、燕居达人，还是武将壮士，抑或逸老野叟，皆好束巾。巾料或软或硬，幅巾裹法也更加随意，款式变化甚多，

图4-9　"竹林七贤"与荣启期画像中所见巾子
（江苏南京西善桥出土南朝画像砖刻）

---

① 沈从文编：《中国古代服饰研究》，上海书店出版社2002年版，第207页。

让人眼花缭乱。可见，头巾传统上虽为"贱者不冠之服"，如陆游《家世旧闻》中所说"大抵士大夫无露巾者，所以别庶人也"，但士大夫多着之，因此不独"贱者"。北宋时名士所用的头巾有仙桃巾、幅巾、团巾、道巾、披巾、唐巾等，种类甚多。

一般而言，巾、帻有软裹、硬裹之分。软裹只是用巾裹发，外形不稳定；硬裹则以藤制，外罩布并涂漆，也有以桐木衬之，再裹巾或帻，使其外形固定美观。唐宋巾的种类繁多，或来自名人雅士之创举，或因形获意，或因意造型，不胜枚举。可以说，这一时期的每一种巾帽样式背后几乎都有一段故事。一些巾帽都是由一些名人发明并流传下来的，且都作为一种文化思想的代表而被不断延传。下面仅大略举例说明。

浩然巾　浩然巾源自唐诗人孟浩然的一则典故。据说，孟浩然戴此巾于风雪中骑驴过灞桥踏雪寻梅，甚为雅致，遂被时人所模仿。所以，浩然巾又称"雪巾"。浩然巾类似于风帽，严实地遮挡了后脑和部分脸部。《镜花缘》第二十六回写双面国人，都戴着浩然巾，"和颜悦色，满面谦恭光景，令人不觉可爱可亲"。明朱权《天皇至道太清玉册》中也有雪巾的记载："以玄色纻丝为之，以天鹅皮为里，凡雪天严寒皆用之以护脑。"

东坡巾　因宋代词人苏轼常戴此巾而得名。其特点是硬裹巾，以藤为里，以锦为表，以漆漆之。或以较硬的薄纱制作。两侧为巾檐，前开后合，后垂有布帛，为雅士逸隐所好。东坡巾的形式是"墙外有墙"，外墙较内墙为低。内墙、外墙各为一大片，然后按上大下小折成四面，其中内墙折好后边缘缝合在前，外墙较内墙为短（横向），两头边缘处正好在眼眉上，再将内墙、外墙底部缝合在一起。（见图4-10）正如明王圻《三才图会》说："东坡巾有四墙，墙外有重墙，比内墙少杀，前后左右各以角相向，著之则有角介在两眉间，以老坡所服，故名。"[1]

---

[1] 转引自张建业主编，段启明等注：《李贽全集注》第17册《读升庵集注（二）》，社会科学文献出版社2010年版，第392页。

图4-10　戴东坡巾的男子（南宋·刘松年《会昌九老图》）

　　方巾　方巾就是四方平直的巾帽。明郎瑛《七修类稿》说：洪武三年，明太祖朱元璋召见浙江山阴著名诗人杨维祯，杨维祯戴着方顶大巾去谒见，太祖问他戴的是什么巾，他答道"四方平定巾"，太祖闻之大喜。显然这种头衣的寓意正好符合了当时天下初定的事实，因而赢得皇帝的欢喜。

　　儒巾　儒巾是宋明时代读书人所戴的一种头巾。一般以黑绉纱为表，漆藤丝或麻布为里，四方平直，巾式较高，并有两带垂于脑后，飘垂为饰。（见图4-11）宋人林景熙《元日得家书喜》诗中说："爆竹声残事事新，独怜临镜尚儒巾。"明代，儒巾通称"方巾"，为生员所服。明王圻《三才图会》中介绍说："古者士衣逢掖之衣，冠章甫之冠，此今之士冠也，凡举人未第者皆服之。"

图4-11　明代儒巾（江苏扬州西郊出土）

　　纯阳巾　纯阳巾又名"乐天巾"。相传，纯阳巾为仙人吕洞宾（纯阳）所创，故名。其巾是硬裹巾，顶有寸帛折叠，如竹简垂于后，上高下低，顶部用帛叠成一寸宽的硬褶，叠好后斜覆于前，像一排竹简垂之于后，并有二脚系结于脑后，使其自然垂下。

　　此外，还有仪巾、飘飘巾、万字巾、周子巾、庄子巾等，这里不再展开赘述。

　　2. 帻

　　帻是另一种巾式。何为帻？汉许慎《说文·巾部》中说："发有巾曰帻。"扬雄《方言》曰："覆结（髻）谓之帻巾。"最早的帻，是战国时秦国男子包头的巾帕，主要起将四周鬓发上拢使之不向下垂落的作用。

但在秦代，一般的武士却不戴帻，这是因为秦代士兵发髻的辫挽方法较为特殊。如秦兵马俑中，兵俑一般都是不戴巾帻的"科头"，这种科头大体分圆髻和扁髻两种。

圆髻　圆髻是在后脑及两髻各梳一条三股小辫，互相交叉结于脑后，上扎发绳或发带，交结处戴白色方形发卡，最后在头顶右倾缩髻。髻有单台圆髻、双台圆髻、三台圆髻等几种形式。发辫交结形式也有很多种，有"十"字交叉形、"丁"字形、"十"字形、"大"字形、"一"字形、枝丫形、倒"丁"字形等，尤以"十"字交叉形和枝丫形最为多见。圆髻为轻装步兵俑和部分铠甲步兵俑的首服样式，秦代流行的圆髻为后世普遍沿用，但后人沿用时将偏右的髻式移于头顶中央。

扁髻　扁髻是在脑后缩结成扁形的髻式，有六股宽辫形扁髻和不加辫饰的扁髻两种。前者又可梳辫成多种形状，如长板形、上宽下窄的梯形、高而厚的方塔形、丰满的圆鼓形等。在这些髻式里，有些翻折上头顶的头发有多余的发梢，这些余发常又盘结成圆锥状的小髻，再以笄加以固定。后者梳理时不辫辫，梳理整齐后翻上头顶，在头顶用发梢结髻、以笄固定。这种发式多见于军吏俑、御手俑、骑兵俑和部分铠甲武俑。这种梳髻不戴巾冠的"科头"情形，在秦军队中非常普遍。

汉代用帻较为普遍，秦汉时帻是表明贵贱的标识。汉文帝时，又进一步增高颜题（颜，指前额；题，是标识的意思），并加增巾为帻屋，这样帻的形式大致固定为帽箍式，相当于帽子的式样。同时明确规定，身份低微的"执事"者只可戴帻，不许戴冠。如《后汉书·光武帝纪》引应劭《汉官仪》上说："帻者，古之卑贱执事不冠者之所服也。"从汉代起，帻为戴冠者所用，其整发的作用和加冠的戴法都为汉以前所未有。依据定制，冠与帻须相配合，不能乱用。如：文官戴进贤冠必须衬介帻；武官戴武弁大冠，必须衬平上帻。而一般平民百姓，也有单着帻的。此外，不同颜色的帻表示不同的地位或职务。天子祀郊庙时戴黑介帻，帅有功者诏赐赤帻，从汉成帝微服出游者戴白帻，掌管宫廷膳食的官员戴绿帻，王莽驾前的力士皆戴黄帻。

　　在古代文学、历史文献中有很多对帻的记载和描述。例如《汉书·东方朔传》记载，董偃13岁入宫训练，深得馆陶公主喜欢，并引见他见了武帝。当时董偃以奴仆身份谒见武帝，因此戴绿帻。武帝赐其衣冠，表明赐给他一定的身份，默许了他与馆陶公主的关系。同书颜师古注："绿帻，贱人之服也。"李白《古风》亦有"绿帻谁家子，卖珠轻薄儿"的诗句，就是借用《汉书·东方朔传》中董偃着绿帻的故事。又如《后汉书·光武帝纪》说："三辅（京兆、冯翊、扶风）吏士东迎更始，见诸将过，皆冠帻，而服妇人衣，诸于绣鑼，莫不笑之。"三辅吏士之所以笑，即因为刘玄的部队衣冠不整，将领穿戴贱者之帻。《世说新语·雅量》也有类似记载："太傅（指谢安）于众坐中问庾，庾时颓然已醉，帻坠几上，以头就穿取。"又："支道林还东，时贤并送于征虏亭。蔡子叔前至，坐近林公。谢万石后来，坐小远。蔡暂起，谢移就其处。蔡还，见谢在焉，因合褥举谢掷地，自复坐。谢冠帻倾脱，乃徐起振衣就席，神意甚平，不觉瞋沮。"这说明，汉以后，帻、冠可以并戴，也可以只戴帻。冠、帻是古人很重视的服饰。上面记载的故事中，一个帻坠而以头就取，一个帻被人弄掉了而不急，都是"雅量"的表现，所以作者刘义庆特别把这些故事写出来。

　　帻的分类大致包括平介帻、平巾帻、冠帻三种。介帻是在王莽巾的基础上加硬顶之后所形成的介子形屋顶的帽。始行于汉魏，即后来的进贤冠，古人多有描述。如晋陆云在《与兄平原书》中写道："一日案行，并视曹公器物床荐席具……介帻如吴帻。"《南史·褚澄传》有"又赎彦回介帻犀导及彦回常所乘黄牛"的记载。《隋书·礼仪志六》也说："帻，尊卑贵贱皆服之。文者长耳，谓之介帻；武者短耳，谓之平上帻。各称其冠而制之。"魏晋以来，武官开始戴平巾帻，武弁、平巾帻，诸武职及侍臣通服之。这种帻前面呈半圆形平顶，后面升起呈斜坡形尖突，戴时不能覆盖整个头顶，只能罩住发髻。《晋书·舆服志》则说："冠惠文者宜短耳，今平上帻也。始时各随所宜，遂因冠别之。介帻服文吏，平上帻服武官也。"至隋代，侍臣及武官通服之。唐时因制，为武官、卫官公事之服，而天子、皇太子乘马则服之。

四、幞头乌纱

幞头也是由巾帻发展而来的。关于幞头起始的明确记载见于《周书·武帝纪下》。北周武帝宣政元年（578 年），宇文邕将幅巾戴法加以规范化，并以皂纱为之，作为常服，"其制若今之折角巾也"。折角巾就是将幅巾折起一角从前额向后包复，将两角置于脑后打结，所余一角自然垂于脑后。从考古发现来看，在陕西三原隋孝和墓、湖南湘阴隋墓、河南安阳马家坟 201 号隋墓出土的陶俑中，就已经出现了幞头的雏形。（见图 4-12）不过在唐代，幞头的顶部一般较隋代为高。

宋代俞琰《席上腐谈》卷上载：周武帝所制幞头，"不过如今之结巾，就垂两角，初无带"。宋人沈括在《梦溪笔谈》一书中对幞头进行了更细致的描述："幞头一谓之'四脚'，乃四带也，二带系脑后垂之，二带反系头上，令曲折附顶。"幞头最大的特点就是在四角接上带子。最初的幞头戴在头上，顶是平而起褶的，四角接上带子，两角在脑后打成结后自然飘垂可成为装饰，另外两角反到前面攀住发髻，可以使之隆起而增加美观。

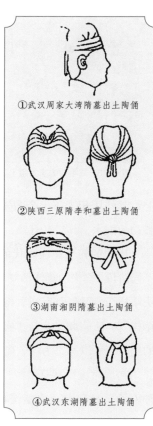

①武汉周家大湾隋墓出土陶俑

②陕西三原隋李和墓出土陶俑

③湖南湘阴隋墓出土陶俑

④武汉东湖隋墓出土陶俑

图 4-12 隋代的幞头

幞头自创始以来，历经隋、唐、五代、宋、元、明千余年而不衰。上至帝王，下至庶民，皆以幞头为常服。（见图 4-13）其间各朝均有改制，并形成了各自的风格与款式。

中国文化四季

1. 隋唐五代时期

隋唐五代时期是幞头逐渐成形以及发展变化最活跃的阶段，尤其是晚唐、五代时，幞头逐渐形成了官庶不同的软脚与硬脚、垂脚与展脚的分支，并在巾胎的软硬、方圆等诸方面也产生了明显的区别。

隋初的幞头基本上因袭北周之制，只是以全幅黑色罗帕向后幞发，形式矮平简单。从隋末开始，在幞头之下另外加了一个"巾子"扣在发髻

图 4-13　戴幞头的唐太宗（唐·阎立本《步辇图》局部）

上，其作用相当于一个假发髻，以便能使幞头裹出一个固定的形状。巾子的质料初为桐木，其后又有丝、葛、纱、罗、藤草、皮革等。

唐代的幞头是在隋代的基础上发展而来的。在初唐、盛唐、中唐、晚唐等不同阶段，幞头的具体形制均有变化。据《旧唐书·舆服志》记载，初唐流行"平头小样"，武则天朝流行"武家诸王样"，中宗时流行"内样巾子"（又称"英王踣样"），玄宗朝又盛行"官样巾子"。隋至盛唐流行的幞头因用临时缠裹的柔软的绢罗，所以称之为"软裹幞头"。

初唐时流行高冠峨髻，故在幞头内衬以巾子（一种薄而硬的帽子坯架），这种巾子于 1964 年已在新疆吐鲁番阿斯塔那唐墓中发现，它可以决定幞头的造型，即《旧唐书·舆服志》所说唐高祖武德时期流行的"平头小样巾"。以后幞头的造型不断变化，武则天赐朝贵高头巾子，又称其为"武家诸王样"。唐中宗赐给百官英王踣样巾，式样高踣而前倾。唐玄宗开元十九年（731 年）赐供奉官及诸司长官罗头巾及官样巾子，又称其为"官样圆头巾子"。这些幞头式样在出土唐代陶俑和人物画中都可找到。如西安贞观四年（630 年）李寿墓壁画、咸阳底张

湾贞观十六年（642年）独孤开远墓出土陶俑，所戴幞头顶部较低矮，里面所衬都是平头小样巾。礼泉马寨村麟德元年（664年）郑仁泰墓及西安羊头镇总章元年李爽墓出土陶俑，幞头顶部增高，似衬高头巾子。高而前踏的式样，从唐开元二年（714年）戴令言墓出土陶俑中可以见到。唐天宝年间，幞头顶部变得像两个圆球，该式样在天宝三年（744年）豆卢建墓出土陶俑身上也能见到。到晚唐时期，巾子造型变直变尖。至于包裹巾子的幞头，唐以前用缯绢，唐代改用黑色薄质罗、纱，并且有专门做幞头用的薄质幞头罗、幞头纱。

幞头系在脑后的两根带子，称为"幞头脚"，开始称为"垂脚"或"软脚"。后来垂在脑后的两根带子加长，打结后可作装饰，称为"长脚罗幞头"。唐神龙年间（705～706年）幞头所垂两脚形状变圆或变阔，并在周边用丝弦或铜丝、铁丝作骨，衬以纸绢，这种幞头脚就是能够翘起的硬脚，称为"翘脚幞头"。到五代时，翘脚幞头广为流行。还有一种两只长角横直平展的幞头，叫作"展角幞头"，展角并不固定在幞头上，可以随时装卸。

至五代，幞头已发展成帽冠，两脚平直，有木胎围头，在木胎上糊绢罗，涂上里漆，可脱可戴。宋明的官帽——乌纱帽就是从此发展而来的。中晚唐至五代、宋的幞头因其脚内用铁丝缠裹成硬脚，所以根据脚的形状不同又分为：交脚幞头、折脚幞头、垂脚幞头、顺脚幞头（顺风幞头）、展脚幞头、直脚幞头、朝天幞巾（朝天巾）等等。以下简要介绍之：

软裹幞头　主要用罗、绢制成，外形不定，将巾的两脚系结在头上，另外两脚则结于脑后，使之并拢下垂，也可屈盘反搭，行动时两脚飘飘，显示了文人才子的翩翩气度。

硬裹幞头　最初先用木作"山"，放置在额前使巾衬起，名为"军容头"，再用纱裹之，使其外形平整固定。后来改用藤草或铁丝织成框架，外糊以绢或罗，涂以黑漆，将其两脚平伸，亦称"硬脚幞头"，其外形稳固平整又雅观。至宋代，幞头已成为主要的头饰，自天子至王公、列臣至庶民皆可戴这种幞头，其形式

有直脚、局脚、交脚、朝天、顺风五种，以后的官帽亦由此逐渐发展而成。

平式幞头　这是一种软裹巾，顶上的巾子较低而平，即"平头小样"，为一般士庶官宦燕居时戴用。

结式幞头　结式幞头也是一种软裹巾，即在一般幞头之上再加一巾子，将其两脚系结在头前，呈同心结状，将另外两脚反结在脑后，为将尉、壮士所好用。

软脚幞头　软脚幞头是在幞头之下衬以巾子或木围头，使幞巾的外形平整固定，幞巾的两脚加厚并涂漆，成为软脚，使其下垂，行动时则飘动尔雅，为文官与学士所好用。

圆顶直脚幞头　这是一种硬裹幞头，用木围头衬在额前，再用幞巾裹之，也可用藤草做成框架，外糊皂纱，涂漆而成，其两直脚用铁丝织成，外罩漆纱，使其向左右平伸，为朝臣与地方官吏所用。唐、宋、明历代皆有采用。

方顶硬壳幞头　这也是一种硬壳幞头，一般用铁丝或藤草编成框架的硬壳，再以绢或罗糊之，并涂上黑漆。外形方而隆起，左、右两脚用铁丝制成，并糊漆纱，向两侧平伸或使之上翘。

2. 宋辽金元时期

隋唐时期的幞头发展到宋代已成为男子的主要首服。上自皇帝，下至百官，除祭祀、隆重朝会需服冠冕之外，一般都戴幞头。幞头的形制和前代已有明显的不同。官宦形象多用直脚，公差、仆从或身份低下的乐人多用交脚或局（曲）脚。幞头内衬木骨，或由藤草变成巾子为里，外罩漆纱。最大的变化莫过于四脚幞头的兴起，原来的乌纱帽逐渐废止。但由于幞头亦多用乌纱制作，故仍将幞头称为"乌纱帽"。

宋代乌纱帽多为展脚，即帽翅平展，约有 33 厘米长，后来就越伸越长。（见图4–14）南薰殿旧藏的宋太祖赵匡胤相，幞头的左、右脚均长达 66 厘米以上。据说最长的硬脚将近 3 米，这未免过于夸张。幞头直脚的伸长，据说是为了让大臣们在朝廷上站班时相互保持一定的距离，避免在朝上窃窃私语，交头接耳，互通消息。

宋代的幞头有直观、局脚、交脚、朝天、顺风等几种。直脚又名"平脚"，是两脚平直向外伸长的幞头；局脚两脚弯曲，又称"卷脚幞头"，幞头角向上卷起；交脚是两脚翘起于帽后相交成为交叉形的幞头；朝天是两脚自帽后两旁直接翘起而不相交的幞头；顺风幞头的两脚顺向一侧倾斜，呈平衡动势。此外，有一种近似宋式巾子的幞头，名为"曲翅幞头"。另有不戴翅的幞头，为一般民众所戴。南宋时，两宫寿礼赐宴及新进喜宴时，幞头赐插黄、银、红三色或二色，表示恩宠。

图4-14 戴展脚幞头、穿圆领大袖袍的赵匡胤像

民间则有婚前三月，女家向男家赠紫花幞头的习俗。

幞头本来只是一幅包头布，经过种种加工之后，变成一顶硬壳的帽子，所以，宋代人又称幞头为"幞头帽子"。宋代孟元老《东京梦华录》"中元节"条记："先数日，市井卖冥器、靴鞋、幞头帽子、金犀假带、五彩衣服。"还有吴自牧《梦粱录》"诸货杂色"条也说："箍桶、修鞋、修幞头帽子、补修鲩冠、接梳儿……时时有盘街者，便可唤之。"可见在宋代人的心目中，已把幞头当作帽子看待了。

辽金时期，公服装多戴幞头。幞头的形制，大致与宋代长脚幞头相同，皂隶之间，也有戴朝天幞头者。士庶所戴幞头，一般多如唐巾，脑后垂二弯头长脚，呈"八"字式。平民百姓多喜扎巾，但扎巾的方法有许多不同。

元代，官吏多辫发、戴笠帽。辽、金、元虽然同属辫发种族，但辫发的样式并不一样。南宋赵珙所撰《蒙鞑备录》中记述蒙古族男子的发式云："上至成吉思，下及国人，皆剃婆焦，如中国小儿留三搭头在囟门者，稍长则剪之，在两旁者总小角垂于肩上。"蒙古族男子戴的瓦楞帽多用藤篾做成，有方、圆两种样式，顶中饰有珠宝。从图4-15中可以看到，南宋时期的蒙古族官吏露

图4-15 蒙古族男子（南宋·陈元靓《事林广记》插图）

顶垂发辫，把小方顶大敞口的四方瓦楞帽放在身旁或童仆手中。

3. 明清时期

明代恢复了汉唐旧制，官帽仍用幞头，只是样式略微发生了变化。最为显著的特点就是幞头脚比宋代的减短变阔。因为它外施漆纱，所以也叫"纱帽"，但不可将其与南北朝和隋唐的纱帽相混淆。明代官员乌纱帽的形制是：前低后高，呈台阶形，两翅为牛舌形，宽寸余（约3厘米），长5寸（约15厘米）。这种纱帽与唐代纱帽明显不同。如明郎瑛《七修类稿·辩证类》"堂帽唐祭"条载："今之纱帽……谓之堂帽，对私小而言，非唐帽也。"可见，明代纱帽虽与唐代纱帽不尽相同，但却是由唐代的幞头发展而来的。由于它外涂以黑漆，在口语中就把它叫作"乌纱帽"了。

清自入关前就已开始借鉴中华衣冠而逐渐规制自己的服制，按照《清史稿·舆服志二》的说法，"崇德初元，已釐定上下冠服诸制，高宗（乾隆）一代，法式加详"。清式衣冠的演化表现在帽式上就是废除了乌纱帽，代之以满族风格的夏日凉帽和冬日暖帽。

综上所述，幞头由一块民间的包头布逐步演变成衬有固定的帽身骨架和展角的完美造型，前后经历了上千年的历史，最后形成帽身端庄丰满、展角动感性强的华夏民族冠帽。这种帽冠于平衡中求变化，脱戴方便，华贵而又活泼。正因为此，它才能历久不变，一直流行到17世纪的明末清初才被满式冠帽所取代。明丘浚《大学衍义补》胡寅注指出，"古者宾祭丧燕戎事，冠各有宜，纱幞既行，诸冠由此尽废。稽之法象，果何所侧？求之意义，果何所据哉？"幞头的流行

虽然没有法象作根据，也没有牵强的寓意，但它在中华服饰史中存在的时间却很长，并且衍化成一种文化，沉淀于人们的意识之中。

尽管古代的冠弁、巾帻、幞头之类的帽式早已不复存在，但以帽子为载体产生的帽子文化却并未随之而消亡，相反成为现代人的一种集体记忆，被不断地加以传播。在现代社会中，帽子可以说在向历史的"反方向"发展，不再是地位和权力的象征，而成为一种纯粹的装饰品和防热御寒的工具。戴一种新潮的帽子成为女性追求美的体现，男人反而很少戴帽。

另外，在古代受刑罚的人是不能带冠巾等物的。如商周时有一种叫"髡"的刑罚，即剃去头发。当时的奴隶多为受刑罚的罪人，既已剃发，自然不用头衣。还有一种刑法——墨刑（又称"黥首"），即在犯人额上用刀刺上文字或记号，并涂上墨。受过黥刑的人，不能戴冠巾。未受过髡刑的奴隶通常是用青布束头，所以"苍头"也就成了奴隶的代称。如《汉书·鲍宣传》记曰："苍头庐儿，皆用致富。"颜师古引孟康曰："汉名奴为苍头，非纯黑，以别于良人也。"上古军队多由奴隶组成，同样以青布裹头，所以有"苍头军"之称。正如《战国策·魏策一》所记："今窃闻大王之卒：武力二十余万，苍头二十万……"留全发、戴冠（平民戴巾）是当时中原地区的装束，远离中原、文化落后的地区，则以披发为常。

五、绿帽子

帽子作为一种首服，在中国传统文化中具有一定的特殊含义和很强的象征意义，人们的日常生活中也因此出现了一些与帽子有关的词语，比如"乌纱帽"（详见上述）、"绿帽子""戴高帽"等。

"绿帽子"作为一个特定的词语产生的时间较晚，至清代才真正出现了人所共知的含义：一个女人背着自己的丈夫和别的男人偷情、相好，那么这个女人的丈夫就被视作"戴了绿帽子"。绿色作为一种服饰的颜色，在服饰等级中一直处

于末位。隋唐时期,绿色是各种颜色中较为低等的一种。其规定:皇帝穿黄色龙袍;百官服饰,三品以上服紫,四品、五品服绯(深红),六品、七品服绿,八品、九品服青。以后各朝代均多沿袭此法。可见,绿、青色服饰在官场上是卑下的代表。当年白居易被贬为江州郡九品司马,就在他所作的《琵琶行》诗中用"青衫"指代自己。民间对绿色也很鄙弃。李白有诗《古风》云:"咸阳二三月,宫柳黄金枝。绿帻谁家子,卖珠轻薄儿。日暮醉酒归,白马骄且驰。意气人所仰,冶游方及时。子云不晓事,晚献长杨辞。赋达身已老,草玄鬓若丝。投阁良可叹,但为此辈嗤。"就说那个戴绿头巾的小子是个轻薄的人。

关于"绿帽子"的来历并不明确。清人赵翼《廿二史札记》卷三"汉公主不讳私夫条"记:"武帝姊馆陶公主寡居,宠董偃十余年。主欲使偃见帝,乃献长门园地,帝喜,过主家。主亲引偃出,偃奏:'馆陶公主庖人偃,昧死拜谒。'帝大欢乐,呼为主人翁。"据该文载,董偃13岁入府受训练,为童养男,因其温柔可人的特点而颇得当时一些趋炎附势之辈的喜爱,甚至有人为他献计献策,他也被馆陶公主所喜欢并宠幸。《汉书·东方朔传》中记载,其实武帝早就知道馆陶公主宠幸董偃,公主也顺势带董偃拜见武帝。每次拜见,董偃也很知趣,戴一顶绿帽子前往,还被赐予"主人翁"的称号。董君贵宠,天下莫不闻。后来东方朔向武帝进言,说董偃为淫首,武帝遂减少与董偃的交往,董偃宠日衰,至年三十而终。至于这是不是今天"绿帽子"的最初由来尚不能确定。

唐代封演《封氏闻见记》则记载了唐代另一个与"绿帽子"相关的故事:"李封为延陵令,吏人有罪,不加杖,但令裹碧绿中以耻之,随所犯重轻以定日数,吴人遂以此服为耻。"

元明时期,在民间,青、绿两种颜色也是低贱行业使用的颜色。比如乐人、妓女必须着绿服、青服、绿头巾。《元典章》就规定,娼妓之家长和亲属男子须裹青头巾。此时,"青头巾"才与一个女人的男性亲属有了联系。不过,"绿帽子"一词的真正出现是在清朝。清末民初才子易实甫所作的《王之春赋》中就有"帽

儿改绿,顶子飞红"的句子,描绘了当时官场上性贿赂的斑斑劣迹。后来,"绿帽子"不断演绎为特指妻子有不贞行为的男人。

六、戴高帽

传统社会中,帽子象征着权力和尊贵,帽子的样式和质地则反映了地位高低和权力的大小。虽经历朝历代的转变,但帽子的象征意义一直没有改变过,甚至出现了"借帽喻人"的情况。"戴高帽"就是其中的一种情况。

人们大多数喜欢听顺耳的话,不喜欢听逆耳的话,"戴高帽"的延伸意义就指受人恭维或恭维别人。《北史·熊安生传》中就记载了这样一个故事:北齐有一位名叫宗道晖的人,平时喜欢头戴一顶很高的帽子,脚上穿一双很大的木屐。每当有州将等级官员到来,他都要以这身打扮去谒见。见到官员时,又总是向上仰着头,举着双手,然后跪拜,一直把头叩到木屐上,极尽阿谀奉承之能事。从此以后,人们便把吹捧、恭维别人的行为叫作"给人戴高帽"。

清代文人笔记《笑林新雅》里也记载了这样一个关于"戴高帽"的笑话:有个门生离京去做地方官,临行前与老师告别。老师嘱咐道:"出外做官,很不容易,千万要谨慎!"门生回道:"请老师放心,门生已经预备好高帽子一百顶,每人各送一顶,管叫地方上人人高兴!"老师发怒道:"我们应以忠直之道对待别人,何须如此呢?"门生装作无可奈何的样子说:"天下像老师这样不喜欢戴高帽的人,能有几个呢!"老师听了很高兴地点头说:"你讲得也不错!"门生出来对朋友说:"我的一百顶高帽子,只剩下九十九顶了!"[1]

---

① 转引自陈无我编:《老上海三十年见闻录》,大东书局 1928 年版,第 59 页。

第五章
发髻与头饰

宋人司马光的《西江月》描绘了一个舞伎的美好姿态，以及他对她的倾慕之情：

宝髻松松挽就，铅华淡淡妆成。青烟翠雾罩轻盈，飞絮游丝无定。

相见争如不见，多情何似无情。笙歌散后酒初醒，深院月斜人静。

在作者眼中，这个舞伎的不同寻常之处在于其不浓妆艳抹，不刻意修饰，而是松松地挽就了云髻，薄薄地搽了点铅粉。青烟翠雾般的罗衣，笼罩着她轻盈的体态，像柳絮游丝那样和柔纤丽而飘忽无定。这些足以使人在"笙歌散后酒初醒"时仍然念念不忘。

云丝雾鬓，美人如斯。古代女子除相貌外，都十分注重头饰与发型的修饰。传说，汉武帝第一次见到卫子夫，就被她的秀发深深吸引住了，"上见其美发，悦之，遂纳于宫中"[1]。比之男性，女子的发式及其装饰更加丰富多彩且千姿百态。缤纷的发髻、典雅的头饰、妖娆的首饰，无不凸显了女性的魅力。

头发在中国传统审美观中有着统一不变的审美标准——以乌黑为美。古人对女子的黑发多有赞颂。如《左传·昭公二十八年》记："昔有仍氏生女黰黑而甚美，光可以鉴，名曰玄妻。"又如汉代张衡在《七辨》中说，"鬓发玄髻，光可以鉴"[2]，将女子那一头黑亮而充满光泽的头发比作铜镜。

但在不同的时代，人们对美的追求各有差异，其中既包含着审美者强烈的主观意识，即所谓"各花入各眼"，又有审美对象和审美主体之间的关系。在等级社会中，发式还被赋予了强烈的人文内涵，不同的发式可以表明人们身份地位的不同。比如，在唐代壁画中，那些梳高髻的人物形象大多是贵族妇女和宫妃，士庶妇女也有梳这类发髻的，但贫民与农家妇女几乎没有人梳这种发式。

① 车吉心总主编：《中华野史》第1册《先秦至隋朝卷》，泰山出版社2000年版，第292页。
② （清）严可均校辑：《全上古三代秦汉三国六朝文》卷五五《后汉》，河北教育出版社1997年版，第530页。

一、云　髻

史前时期，人们都蓄发不剪，披发于肩。披发又写作"被发"，是先民发型中最古老的一种。其后，随着劳动生产的发展和人们交往的增加，人们感到长发散乱颇有不便，就用绳带系束，以骨簪插别。夏商时期，进入文明时代，人们开始梳辫子来装饰自己，男女之间的辫子略有差异。此后，女子开始挽髻。有记载说："乃自我始祖黄帝制作衣冠以来，隐蔽形体，仅露首面，扑朔迷离，莫可辨识。后圣知其然也，乃命男辫女髻，以便一目了然，诚法良而美意也。"[1]

图 5-1　商代透雕女子玉佩（河南安阳殷墟出土）

在出土的文物中，商代妇女形象较少，仅在一件透雕女人玉佩中稍可窥见商代妇女的头式。（见图 5-1）图中女子头上作总角[2]。《诗经·齐风·甫田》中即有"婉兮娈兮，总角丱兮"的记载。又，《诗经·小雅·都人士》中有言："彼君子女，卷发如虿。"虿是蝎虫，尾末卷曲向上似妇女发尾之状。至于额前的一横如绳绞状者，周锡宝先生认为是髦。如此繁复的发式可见商代妇女的爱美之心。图 5-2 中反映的是战国时期梳大辫子的女子的形象。女孩头发中分，编出长及腰间的长辫。后世这种辫式仍有出现。

伴随着社会的发展，披发、辫发也从一种生活常态逐渐衍化为一种具有伦理意义和宗教规范的发式。在这种规范之中，发髻应运而生，尤其是至西周时期，

---

[1] 转引自卢玲：《图说中国女性——屈辱与风流》，团结出版社 2000 年版，第 32～33 页。

[2] 总角是上古少男少女的发饰。古时儿童束发为两结，向上分开，形状如角，故名。带"丱"状，余下碎发下垂使发尾卷曲向上。

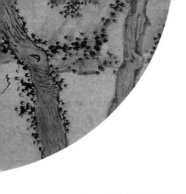

在礼的规范中，头发本身也被纳入礼的范畴中来。儒家首先从伦理的角度提出"身体发肤，受之父母，不敢毁伤"的观点，保护头发成为当时人们根深蒂固的一种观念，从发辫到发髻的转变，也意味着女子人生的一大变化。

发髻最早形成于西周，到战国时已经普遍流行。《礼记·内则》中记载，女子"十有五年而笄"。古代女子到了 15 岁就要把头发梳拢起来，挽一个髻，插上叫作"笄"的首饰，行笄礼，表示已成年。因此，女子成年叫"笄年"或"及笄"。

图 5-2　梳大辫子的战国女子（河南洛阳出土）

在不同的历史时期，产生了多种挽髻方法，极为富丽而多姿，且历代相承，不断变化，从简至繁，又从繁复简，往返交替。

1. 秦汉时期

据记载，秦始皇信奉仙道之术，崇尚仙女发型，令宫中后妃美女浓妆艳饰，女子之间相互仿学与创新，使发型的变化与装饰更加丰富多彩且侈靡。到了汉、唐两代，发型的装饰更加精致而艳丽。据唐人段成式的《髻鬟品》所记载，这期间所创造的发型不下百余种。而至封建社会后期，尤其是元、明两代，发型则不作为审美的主要重点，发髻逐步趋向简约，高髻之风、浓妆艳饰也逐步减少。清代以满制为主，女人发型以后垂髻为主。直到 20 世纪初，由于受西方生活方式的影响，传统中国妇女的基本发型——发髻，逐渐被短发、披肩发、烫发所取替。

秦汉妇女的发式以髻式为主。史书中保存下来的发髻名称有 10 多种。较常见的有重云髻、奉圣髻、瑶台髻、欣愁髻、飞仙髻、九环髻、分髾髻、慵妆髻、三角髻、椎髻、堕马髻及四起大髻等。在这些髻式中，最享有盛名的是椎髻和堕马髻。

椎髻　据《史记》《汉书》记载，梳椎髻时，先将头发由正中分出头路，然后朝脑后梳掠，在后颈挽成一髻，其造型和木椎十分相似，因此而得名。

在汉代，椎髻是妇女的主要髻式。《后汉书·逸民列传》中曾记载这样一个故事：东汉士人梁鸿，为人高节，娶同县女孟光为妻。结婚当日，妻子衣着华丽，装饰入时。但梁鸿却对其并不理会，七日之内没有给她好脸色。妻子很是疑惑。几天后，她终于想明白，原来自己并没有梳当时最为普通的椎髻，"乃更为椎髻，着布衣，操作而前"。梁鸿见之大喜，并说："此乃梁鸿妻也！"这个故事中所说的椎髻应该是当时极其流行的一种日常发髻。

堕马髻　据说堕马髻是由梁冀之妻孙寿所创制的。此髻式将头发从正中分缝，分发双颞，到颈后集束为一股，挽成发髻后垂于背后，并从髻中再抽出一缕头发，朝一侧下垂，似刚从马上坠下，因此而得名。（见图5-3）堕马髻一经发明就十分流行。《后汉书·梁冀传》李贤注引《风俗通》曰："始自冀家所为，京师翕然皆放效之。"

图5-3　西汉梳堕马髻的妇女

据说，梳这种发髻，再加之愁眉、啼妆等装饰，能增加妇女的妩媚之态。梳堕马髻的妇女走起路来也有特殊的姿势，名为"折腰步"。

倭堕髻　倭堕髻是由堕马髻演变而成的，髻歪在头部的一侧，似堕非堕。堕马髻仅风靡一时，东汉时就为倭堕髻取而代之。倭堕髻为当时妇女的流行发式。汉乐府《陌上桑》刻画了一个美丽大方的采桑女子——罗敷，她"头上倭堕髻，耳中明月珠"[1]，梳的就是倭堕髻。唐人温庭筠在《南歌子》中对此髻进行了这样的描述："倭堕低梳髻，连娟细扫眉。"[2]唐开元时，许景先撰《折柳篇》也有"宝钗新梳倭堕髻"的诗句。湖南长沙、陕西西安、

---

① 逯钦立辑校：《先秦汉魏晋南北朝诗》上册，中华书局1983年版，第260页。
② 高峰编选：《温庭筠 韦庄集》，凤凰出版社2013年版，第121页。

山东菏泽等地出土的泥、陶、木俑中，就有很多梳堕马髻或倭堕髻的。

　　缕鹿髻、三角髻　缕鹿髻和三角髻主要流行于汉代。缕鹿髻就是把头发编成一层一层的，像个小轮子，一轮又一轮，下轮大，上轮小，虽然梳起来很复杂，但是造型极为华丽。三角髻是将头发梳理成三股，额前挽一髻，双侧挽成两个圆环或两个圆髻，余发散垂腰间，故名。

　　2. 魏晋南北朝时期

　　魏晋南北朝时期是一个动荡的时代，政治上的分裂和民族间的冲突导致社会生活各个方面发生了激烈的变更。当时，名士阶层放浪不羁的习气在妇女装饰上也有反映。如据《晋书·五行志上》记载，在西晋初年，"妇人束发，其缓弥甚，紒之坚不能自立，发被于额，目出而已"。另外，由于佛、道出世思想的流行，女子的高髻受宗教绘画中仙女、飞天形象的影响，演化出灵蛇髻、飞天髻、盘恒髻等多种样式。它们的共同特点都是把头发梳在头顶，分梳成几股，然后再盘成各种式样。

　　灵蛇髻　灵蛇髻是曹魏文帝妻甄后所创。《采兰杂志》载："甄后既入宫，宫廷有一绿蛇，口中恒吐赤珠，若梧子大，不伤人，人欲害之，则不见矣。每日后梳妆，（蛇）则盘结一髻形于后前，后异之，因效而为髻，巧夺天工。故后髻每日不同，号为灵蛇髻。宫人拟之，十不得一二也。"[1]灵蛇髻是一种富于变化的发髻式样，随着梳挽方式的不同而衍生出各种式样。（见图5-4）

　　蔽髻　蔽髻是一种假髻。古人使用假发的最早记载见于《周礼》。传说鲁哀公在城墙上见到一个美发如云的女子，就派人把她的秀发剪下来给王后吕姜做了假发，称为"副"。假发在汉代时主要是王公贵族使用，长沙马王堆汉墓墓主辛追夫人入葬时就戴着假发，做髻时于真发末端加假发，再梳成盘髻。六朝时，假发已经盛行于民间。《晋书·列女传》记载：陶侃年轻时家境贫寒，一次，范

---

　　① 转引自贾玺增：《中国服饰艺术史》，天津人民美术出版社2009年版，第65页。

图5-4 梳灵蛇髻的妇女（晋·顾恺之《洛神赋》局部）

逶到他家投宿，陶侃没有钱待客，陶母湛氏就悄悄剪掉自己的长发卖给邻人去做假发，换回钱来买了酒菜招待范逶。范逶得知原委后赞叹说："非此母不生此子！"陶侃日后终成大器，想必也是常常感念慈母落发的心酸而励志以成。

《北堂书钞》引晋成公之《蔽髻铭》，曾对假髻作过专门叙述："或造兹髻，南金翠翼，明珠星列，繁华致饰。"马端临《文献通考·王礼考九》载："魏制，贵人、夫人以下助蚕，皆大手髻。"《晋书·五行志》也载："太元中，公主妇女必缓鬓倾髻，以为盛饰。用发既多，不可恒戴，乃先于木及笼上装之，名曰假髻，或曰假头。"大手髻即为假髻。普通妇女除将本身头发挽成各种样式外，也有戴假髻的。不过这种假髻比较随便，髻上的装饰也没有蔽髻那样复杂，时称"缓鬓倾髻"。北齐时，假髻之形式又向奇异化的方向发展，出现了飞、危、邪、偏等发式。《北齐书·幼主记》记载："妇人皆剪剔以着假髻，而危邪之状如飞鸟，至于南面，则髻心正西。始自宫内为之，被于四远。"

丫髻、螺髻　魏晋隋唐时期还有不少妇女模仿西域少数民族的习俗，将发髻挽成丫髻或螺髻（环髻）。河南邓县出土的南北朝彩色画像砖中即画有梳螺髻或丫髻的妇女，唐代陶俑或画像上的人物也有不少梳这种发式的。"丫头"一词即来源于此。

3. 隋唐五代时期

唐代是中国封建社会的鼎盛时期，国家统一，经济繁荣。如果说，二世而亡的隋王朝如同昙花一现，那么，强盛的唐代就如同怒放的牡丹，香气四溢，千古流芳。这种氛围也给唐代妇女挽髻提供了宽松的环境。应该说，在历代妇女

的发型中，唐代妇女的发髻式样最为新奇，既有对前代的传承，又有在传承基础上的积极创新。唐代崇尚健康的美，从传世的唐人绘画作品中可以看出，当时的美女身材都比较健壮丰颐。因此，妇女的妆饰一扫前代萎靡不振的颓废风气，显得奢华而靡丽。过去流行的各种发式，偏垂的坠马髻、盘绕的云髻、高耸的飞天髻等，几乎都得到了继承，并有所翻新。例如，南北朝一度流行的"惊鹤髻"，形如鹤受惊而展翅欲飞之状，到了唐代转变为"惊鹄髻"，线条更加柔和自然，与女子圆润的脸庞相映生辉，极富情趣。

唐代妇女发型式样之丰富、变化之迅速亦是前所未有的。大致而言，隋代的发型式样比较简单，变化亦不多，一般为平顶式，将头发层层堆上，如帽子状。唐代初期仍有梳这种发型的妇女，只是顶部不如隋代那样平整，已有高耸的趋势，大多成云朵形。到太宗时，发髻渐高，形式也日益丰富。唐高祖时，宫中流行半翻髻、反绾髻、乐游髻。唐玄宗时，宫中则有双环望仙髻、回鹘髻、愁来髻等发髻式样。贞观中，又创造出归顺髻、闹扫妆髻等式样。中晚唐盛行峨髻，髻高达一尺（约33厘米）以上。元稹《李娃行》中"髻鬟峨峨高三尺，门前立地看春风"一句，吟咏的正是峨髻。传世的《簪花仕女图》和《虢国妇人游春图》（见图5-5）中贵族妇女所梳的就是这种发式。至五代时期，妇女的发型又开始回归简约，高髻为主要的发式。

高髻的风行，使得假发的使用更为普遍。值得一提的是，唐人除了采用毛发编成的假发之外，还大量使用木质、纸制的假发髻，这种被称为"义髻"的假髻其实更接近于首饰的范畴。在新疆吐鲁番唐墓中，就曾出土过两件实物：一件是木质的，状如"半翻髻"，外涂黑漆，底部有一些小孔供插戴钗簪之用；另一件是纸制的，造型与峨髻相似，外表也涂漆，并绘有繁缛的花纹。①

半翻髻　这是初唐较为流行的一种高髻。这种发髻在梳挽时将头发由上而下

---

① 参见李云：《发饰与风俗》，上海文化出版社1997年版，第109～110页。

图5-5　唐·张萱《虢国妇人游春图》（局部）

挽至顶部，再突然向下半翻，并作倾斜之势。

惊鹄髻　流行于唐初和唐中期。梳这种发髻时，将头发梳成两扇羽翼形，似鹄鸟受惊而展翅欲飞状。

双峨髻　中晚唐流行的一种发髻。唐李贺《十二月辞》写道："金翅峨髻愁暮云。"此发式梳理时将头发掠向颅后，颅顶头发高耸，并挽成一髻，然后朝一边倾斜，颅后头发蓬松垂于肩上。

双丫髻　盛唐时期，年幼或未婚妇女常梳的发式叫"双丫髻"。梳妆时将头发集束于顶，在头顶中央分成左、右两股，发根用绢带系紧，再分别挽成左、右自然下倾的发髻，因形似树丫杈，故称"双丫髻"。（见图5-6）

除此之外，唐代还有鬟，它是一种盘绕空心的环状发型，与盘绕实心的髻相区别。鬟为大多数青年妇女所偏爱，尤其是双鬟式。鬟高低不等，大小不一，既有梳在头顶上的，也有垂于脑后的。《辞源》解释说："鬟发为饰也。"鬟具有很好的装饰作用。正如辛延年《羽林郎》中说："双鬟何窈窕，一世良所无。"[1]九鬟是一种用假发做成的各式各样的发套，发套套得越多就越高贵，并插上珍珠、宝石等名贵装饰品。因为鬟是假发，所以每一鬟的顶端都要用金属支柱撑起。九鬟髻多为古代后妃所用，以后则更广泛地作为绘画中仙女的发型。

4.宋辽金元时期

在五代废墟上建立起来的宋代，虽然国力不及唐代，但文化和物质生活的

---

①　余冠英选注：《汉魏六朝诗选》，人民文学出版社1997年版，第21页。

繁华却和唐代不相上下。文化趣味的主导权不
单单掌握在少数豪门贵族手中，人数众多的世
俗地主与士大夫阶层的参与，使社会文化渗透
了更为强烈的文人气质，平添了不少儒雅的风
度。与此相应，女子服饰由奢华转为典雅、简
朴，务洁净，不异众。这个时期的女子发式仍
然崇尚高髻，虽然式样不及唐代那样丰富多彩，
却颇具风格。其中最为流行的是同心髻。其梳
法简单，只需将头发拢到头顶，挽成一个圆形
发髻就可以了。后来，又从同心髻发展出流苏

图 5-6　梳双丫髻的陶俑（湖北武昌
唐墓出土）

髻。流苏髻的基本造型与同心髻类似，只是在发髻的根部系束丝带，使之不垂于肩。
南宋初年，同心髻在边远地区仍然流行不衰，陆游在《入蜀记》中谈到，他看到
四川的少女们"率为'同心髻'，高二尺，插银钗至六支，后插大象牙梳，如手大"。

　　在大都市里，发髻的高度已逐渐趋于收敛。宋人周辉在《清波杂志》中说：
"辉自孩提见妇女装束，数岁即一变，况乎数十百年前样制，自应不同。如高
冠长梳，犹见及之，当时名'大梳裹'，非盛礼不用。若施于今日，未必不夸
为新奇，但非时所尚而不售。大抵前辈治器物、盖屋宇，皆务为高大，后渐以
狭小，首饰亦然。"由此可见，高髻在风行近千年后势头转向低落，从此以后，
高达二三尺（60～90厘米）的发髻就很稀少了。生活于明清之际的李渔在《闲
情偶寄·修容》中对高髻更是痛加抨击："髻至一尺，袖至全帛，非但不美观，
直与魑魅魍魉无别矣。"

　　在福州南宋黄升墓中出土了高髻的实物，此种高髻大多掺有从他人头上剪
下来的头发，甚至有的直接用他人剪下来的头发编结成各种不同式样的假髻，
需要时直接戴在头上，其使用方法类似于今日的头套，时称"特髻冠子"或"假
髻"。各式假髻可供不同层次的人在不同场合使用。随着假髻的使用范围日益广

泛和普及，在一些大都市已经设有专门生产和销售假髻的铺子。

除此之外，宋代还有一些颇具特色的发髻，以下举例示之。

朝天髻　朝天髻是富有时代特色的一种高髻。《宋史·五行志三》载："建隆初，蜀孟昶末年，妇女竞治发为高髻，号'朝天髻'。"在山西太原晋祠圣母殿宋代彩塑中可以见到此种发髻的典型式样。（见图5-7）梳此发髻时，先梳发至顶，再编结成两个对称的圆柱形发髻，并伸向前额。另外，还须在髻下垫以簪钗等物，方使发髻前部高高翘起，然后在髻上饰以各式花饰、珠宝，整个发式造型浑然一体，别具一格。

包髻　在山西太原晋祠彩塑中，就有梳包髻的妇女形象。（见图5-8）其扎制方法是：先将头发挽成一个发髻，在发髻定型以后，再用绢、帛一类的布巾加以包裹。此种发式的最大特色在于绢帛布巾的包裹技巧，将头发包成各式花形，并饰以鲜花、珠宝等装饰物，最终形成一种简洁朴实又不失精美大方的新颖发式。

图5-7　宋代梳朝天髻的宫女
（山西太原晋祠彩塑）

双蟠髻　双蟠髻又名"龙蕊髻"，这种发式就是将头发在头顶分成两大股，用彩色的缯捆扎，髻心特别大。宋代得此髻名，苏轼《南歌子》中曾有"绀绾双蟠髻"的诗句。

三髻丫　三髻丫是将髻发分成三髻梳至头顶，或梳理成三鬟。宋范成大《夔州竹枝歌》有"白头老媪簪红花，黑头女郎三髻丫"的描写，说的就是这种髻式。

图5-8　宋代梳包髻的女子
（山西太原晋祠彩塑）

辽、金、元三代的民风民俗有一个共同点，即承袭了前代的习俗，而又各具自己的民族特色。辽代妇女的发式不如宋代的丰富，一般为高髻、双髻式螺

髻。披发这种最原始的发型在辽代亦存在，这是契丹族原始风俗的一种残留。金代的妇女则多编发盘髻，髻上裹头巾或装饰花环冠子。元代的妇女多云髻高梳，盘龙髻亦为主要的发髻式样。杨铁崖古乐府《贫妇谣》中"盘龙有髻不复梳，宝瑟无弦为谁御"一句，写的就是盘龙髻。此外，元代妇女的发型还有低鬟、垂髻等。元代的少女喜爱双髻式样，谢应芳诗《踏车妇》中就有"亦有女儿双髻丫"之句。

5. 明清时期

明代，中国传统文化已发展到相当纯熟的地步，生气逐渐减退，文化趣味转向烦琐、堆砌，过于追求细致。外在的华丽掩盖不住创造力的贫乏。这一时期，妇女的发式趋于低矮尖巧，达到六七寸（合 20 厘米左右）即被认为是高髻。明初妇女的发式不如宋代的丰富，发髻变化不大，基本上为宋元时期的样式。嘉靖以后，开始有了较多的变化。发式主要有桃心髻、桃尖顶髻、鹅胆心髻、堕马髻、牡丹髻、盘龙髻、杜韦娘髻、风髻、花髻等。这一时期，妓家风尚对良家女子的服饰潮流有很大的影响力。由于高官显贵欣赏南妓，因此，南方特色成了时尚的主流。例如，明代中期流行一时的"杜韦娘髻"（亦称"茴香髻"），就是首先创始于风尘女子杜韦娘，然后从南方推向全国的。当然，宫廷的发式也会受到民间的影响，当时宫廷中就"雅以南装为好"。明代妇女盛行带头箍和发冠，这两件饰物很快就有了相当强的装饰性。一位在明代后期访问过中国的葡萄牙多明我会修士在《南明纪行》中说，妇女们"把头发梳得很好，向后理，在头顶上结扎，用一条宽缎带从根到顶恰当地束缚。缎带四周饰有珠玉和金铂"[①]。

牡丹头　牡丹头是这一时期南方最为流行的一种高髻，后逐渐传到北方。清尤侗《咏史》其四云："闻说江南高一尺，六宫争学牡丹头。"形容其发式高大，

———
① ［葡］伯来拉等著，何高济译：《南明行纪：海外中国报告》，中国工人出版社 2000年版，第 169 页。

实际约合 23 厘米，鬓蓬松而髻光润，髻后施双绺发尾。此种发式，一般均充假发加以衬垫。

假髻　明代小说中经常提到妇女的"鬏髻"，即假髻。假髻在明代很流行，亦是明代妇女常用的发式。假髻一般用铁丝织圈，外编以发，成为固定的装饰物，时称"鼓"。鼓比原来的发髻大概要高出一半，戴时罩在发髻上，以簪绾住头发。顾起元《客座赘语》曰："以铁丝织为圈，外编以发，高视髻之半，罩于髻，而以簪绾之，名曰鼓。"假髻有罗汉鬏、懒梳头、双飞燕、到枕松等式样，丰富了发型的样式，在一些首饰店铺还有出售。

旗头与旗髻　清统治者在关内建立政权以后，强令汉族遵循满族习俗，剃发留辫是其中之一。清初有满、汉两种不同的头式，二者各自保留着传统形制和民族特点，以后满、汉妇女在相互影响之下，头式都发生了明显的变化。清代中叶，汉族妇女开始模仿满族妇女的发式，将头发均分成两把，谓"叉子头"；在脑后垂下的一绺发尾，修剪成两个尖角，称"燕尾"。此后又流行平头，谓之"平三套"或"苏州撅"。此髻一改高髻风俗，老少皆宜。普通的满族妇女多梳"叉子头"，也称"两把头"或"把儿头"。受汉族妇女发式的影响，满族妇女又将发髻梳成扁平状，俗称"一字头"。咸丰以后，这种发髻愈高起来，逐渐发展成"牌楼式"的装饰，不用头发，单以绸缎制成，只需套在头上，再插一些花朵即可，名为"大拉翅"，俗称"旗头"。清末，汉族妇女开始崇尚梳辫，最初只是在少女中流行，后逐渐普及到中青年妇女当中，梳髻的人也就日益减少了。

清代，汉族妇女流行的发型主要有旗髻（见图 5-9）、松鬓扁髻、元宝头、平髻、燕尾、螺旋髻、抛家髻、牡丹头、芙蓉头、扬州桂花头、长髻、架子头等。

高髻也是清代汉族妇女较为喜爱的发式。高髻一般都以假发掺和衬垫梳理而成，如康熙、乾隆年间流行的牡丹头、荷花头、钵盂头即属此类。牡丹头、荷花头样式豪华，高高耸立达 20 多厘米，犹如盛开的牡丹、荷花，在脑后梳理成扁平的三层盘状，并以簪或钗固定，髻后作燕尾状，钵盂头则形如覆盂。因

此类髻发梳理繁杂，故到清末剪发风盛行时，就逐渐被淘汰了。

清代满族妇女的发式多以钿子为装饰。钿子以铁丝或藤丝为骨架，外面裱以黑纱，上面镶嵌各种装饰品。冠子、纂是清代老年妇女多在髻上加罩的一种硬纸和黑色绸缎制成的饰物，绣以吉祥纹样、"寿"字等，用簪扦于髻上。中年妇女则多戴用鬃麻编成、再裱以绸缎的纂，然后饰以鲜花等，更显其秀美与华丽之色。纂的形状像一只鞋帮，仅有二壁，以后又演变为不直接用纂，而是在头上盘一元髻，谓之"真纂"。

图 5-9　梳旗髻的满族妇女（清·
《贞妃常服像》局部）

自 1840 年鸦片战争起，西风渐进，延续 2000 多年的封建习俗受到很大的挑战。辛亥革命后，封建统治被一举推翻，各种束缚人们的禁锢被逐步解开，民风民俗也发生了较大的变化，人们的发式妆饰也随之变化和开放。

清末民初，年轻妇女除部分保留传统的髻式造型外，又在额前留一绺短发，时称"前刘海"。清光绪庚子年（1900 年）后，则不论长幼都时兴梳此种发式了。在一个不太长的流行时期中，前刘海经历了自"一"字式、垂钓式、燕尾式直至满天星式的演变过程，还被冠之为"美人髦"。此外，这一时期的老年妇女还讲究在脑后梳个圆形髻，并罩上"冠子"。此为纸壳（马粪纸）制作而成，像个小盆儿，外边蒙上轩绫子布，上有四个小孔，用插头插入小孔，将其固定在发髻上。随着时代的推移，很多老年妇女则又改为在脑后梳个圆形扁平的发髻，像一个饼子，不再罩冠子，而是罩上一个黑线网子，将发髻兜住，以免散落。至于乡下老太太则只是将头发挽个小纂儿，以簪子别住就好了。这种发髻一直延续到 20 世纪 50 年代末。

由商周时期起，女子蓄发梳髻已成为"妇容"之一，尤其是宋明理学形成

以后，如果女子不梳髻而剪短发，则被视为大逆不道。辛亥革命后，各种进步思潮自西方传入，有的女子受到影响，开始剪发，这马上在社会上引起一片惶然。周作人曾说："唯妇人去发，不见经传，亦并不见于天坛宪法，似属万无可许之理，我维持礼教之诸帅，词而辟之，罚而禁之，此正合于圣道，为有识之士所同声赞叹者也。"又认为："如剪发妇女能呈出家长许可状者免罚，以保存父权与夫纲，庶乎其可。"[①]有的女子学校将剪头发的女子视为名誉不端的怪物，拒绝她们入校学习。道学家们目睹数千年长发梳髻之规被打破，恐慌地疾呼"世风日下，人心不古"。人们对剪发的女子也纷纷围观、辱骂。可见，女子梳髻不仅仅是个人的喜好或仪态形象，实质上与缠足一样，它已成为数千年男尊女卑、"三从四德"的一部分，剪发、反对缠足与妇女解放具有同等重要的意义。

约在 20 世纪 30 年代，剪发大潮势不可挡，国外妇女的烫发经沿海几个通商口岸传入国内，一时间，人们群起仿效，发式妆容无不崇尚西方，染发也一度成为达官贵人所追求的时髦方式。至此，缤纷的发髻被新颖的发式造型所取代。

二、笄 簪

笄，即簪，又称"发簪""冠簪"，是古人用来束发或固定冠冕、官帽的一种发饰，后来专指妇女插髻的首饰。从考古发掘资料看，在距今七八千年的河姆渡遗址中就已出现了骨笄，仰韶文化遗址中也有圆锥形的骨笄出土。可见束发施笄的历史延续已久，也说明梳妆美发在当时已经成为人们生活中的一项重要而普遍的内容。除了骨笄以外，当时还出现了其他材料的发笄，有石笄、蚌笄等，后世还有竹笄、木笄、玉笄、铜笄、金笄等。

在中国传统社会，人们多用笄簪，其用途大致有二：

---

① 书芜编录：《女性的发现：知堂妇女论类抄》，文化艺术出版社 1990 年版，第 185 页。

一为固髻。这是最初的也是最主要的功能。具体方法是先将发髻绾好，然后插上发簪，从而防止其松散开来，即"簪以收发"。（见图5-10）这种发簪在古代男女皆用。据《魏书·刘芳传》记载："推经礼正文，古者男子、妇人俱有笄。"

①商代殷墟出土骨笄（上海博物馆藏）　②商代笄饰男女玉人（河南安阳殷墟妇好墓出土）

图 5-10　商代笄饰

二为固冠。固定冠的簪称为"衡簪"。衡簪是将笄横插在发髻之中，故又称"横笄"或者"衡"。在周代，横笄是区分地位、等级的标志之一，如天子、王后、诸侯用玉制横笄，大夫用象牙制横笄。衡簪后来专指妇女绾髻的首饰。擿是顶部可搔头的簪子，俗称为"搔头"。秦汉时期，金簪、玉簪相继出现，并成为贵族身份的象征。说起这玉搔头，其中还有一个有趣的典故。《西京杂记·搔头用玉》中载：一天，汉武帝到爱妃李夫人宫中时，突然觉得头皮发痒，便拿起李夫人头上的玉簪搔头。在古代，皇帝的任何举动都被认为是至高无上的，于是宫中嫔妃都用玉搔头。汉代的簪多为骨制，据说从此以后，盛行用玉作簪，致使玉石增价百倍。

贵族大家对头饰的推崇使得汉代的簪出现了华丽奢侈之风。另外，汉末伎女出现，她们着力于外表装饰，也进一步推动了头饰向华奢方向发展。

唐代社会繁荣，经济发达，为簪的发展提供了良好的经济基础。这一时期，发簪不仅制作精良，造型奇特，而且材质种类较多，主要有玉簪、金簪、银簪、玳瑁簪、犀簪、琉璃簪、翠羽簪以及镶金宝石簪等。除了这些贵族用的簪，还有几种罕见于文献的为下层人民使用的簪，如竹簪、铜簪、铁簪等。

玉簪　玉簪是所有材质的簪子中最贵重的，好的玉簪价值是金簪的几倍乃至几十倍。从出土的文物来看，玉簪显示了玉简洁、透明的特性，比较修长。簪

首一般刻成花卉的形状，也有少量雕刻为动物的。玉簪的形象屡见于当时的诗文名篇中。如戎昱《采莲曲》："烟生极浦色，日落半江阴。同侣怜波静，看妆堕玉簪。"白居易《井底引银瓶》："井底引银瓶，银瓶欲上丝绳绝，石上磨玉簪，玉簪欲成中央折，瓶沉簪折知奈何，似妾今朝与君别。"韦庄《杂体联锦》："携手重携手，夹江金线柳。江柳能长，行人恋尊酒。尊酒意何深，为郎歌玉簪。玉簪声断续，钿轴鸣双毂。"

玉簪承载了丰富的文化与精神含义。在文学作品中，玉簪往往作为男女爱情的载体出现，美人是不能不戴玉簪的。当女子被抛弃时，玉簪往往善解人意地落地而碎；而当心上人要远行时，玉簪便作为信物被送给对方。玉簪的这个内涵后来虽然得到了进一步的发展，但是伤感的含义已经消失了，转而变成了求爱的信物。王实甫《西厢记》第五本第二折中崔莺莺在给张生的信中写道："聊布瑶琴一张、玉簪一枚……权表妾之真诚。"明代高濂在《玉簪记》第一出中说"指腹结姻。他女我男，曾以玉簪鸳坠为聘"，将玉簪的形象贯穿始终。

从历代遗留下来的款式多样的簪子中可以看出，簪的变化主要集中在簪首。常见的有：（1）圆顶形。簪身为圆柱体，顶端作球体或半球体，少数刻有旋纹。（2）花顶形。簪身与上相同，唯于顶端镂凿梅、莲、菊、桃等花纹。（3）耳挖形。以金属或玉制成，簪身略扁，上端宽阔，至颈部明显收束，并朝正面弯转，形成耳挖，使一物具有两种功能。（4）如意形。簪身作圆形或扁形，簪首朝前弯转，呈如意头状。（5）动物形。簪首饰以飞禽走兽，常见的有龙、凤、麒麟、燕、雀及游鱼等。各种造型的簪首都可装饰珠宝。

明清时期，在民间，富家多用玉簪、银簪，一般人家多用骨头簪子。当然，普通人家嫁女儿，银簪子也是必不可少的陪嫁之物。由于银簪是陪嫁来的较为贵重的物品，因此女人们对其都非常珍视。簪子一般长 10～13 厘米，头部尖细，尾部有一个圆疙瘩。头细易插入发髻，尾部的小疙瘩能使之牢固。还有一种扁簪子，两头粗，中间细，多是银、铜质地。扁簪子分正、反两面，正面饰有花

朵草叶及吉祥图案，反面是光的，整个形状略往里弯。扁簪子固定于发上，闪闪发光，具有十分明显的装饰意义。

簪子是许多民族的妇女在修饰头发时不可缺少的装饰品，是妇女们固发、美发的有效用品，这是它几千年来盛用不衰的主要原因。

簪花　中国古代还盛行一种头饰——簪花。所谓簪花，即插花于冠。簪花虽不属于簪，但也是头饰，戴在妇人头上，增加了一种生机勃勃、生动活泼的生命气息。（见图 5-11）簪花除了鲜花以外，还有绢花、罗花、绫花、缎花、绸花、珠花等。簪花的习俗在我国已有两三千年的历史。

图 5-11　唐·周昉《簪花仕女图》（局部）

事实上，除了女性，古时喜庆之日，朝廷百官巾帽上都簪花。清人赵翼在《陔馀丛考·簪花》一文中说："今俗惟妇女簪花，古人则无有不簪花者。"唐代已有男子簪花的现象，如杜牧诗《九日齐山登高》所言："尘世难逢开口笑，菊花须插满头归。"除了节日，平日里唐代男子偶尔也会簪花。如唐玄宗时，小名"花奴"的汝阳王李琎通晓音律，曾在君前敲击羯鼓。皇帝满心欢喜，躬自摘下一朵红槿花戴在他的帽子上。

时至宋代，簪花更为盛行，无论官方还是民间，也无论男女老少，都以簪花为时尚。如《宋史·礼志十五》曰："礼毕，从驾官、应奉官、禁卫等并簪花从驾还内。"宋廷专门规定，皇帝赐花百官，以罗花最贵，宰执以上官方可得之；栾枝次之，赐以卿监以上官；绢花又次之，赐以将校以下官。大罗花有红、黄、银红三色，栾枝以杂色罗，大绢花有红、银红二色。据吴自牧《梦粱录》记载，

皇帝祝寿御筵毕，"赐宰臣百官及卫士殿侍伶人等花，各依品位簪花"。

可供时人佩戴的花有多种。上引《梦粱录》中介绍了南宋都城临安城可选的花，包括"牡丹、芍药、棣棠、木香、酴醾、蔷薇、金纱、玉绣球、小牡丹、海棠、锦李、徘徊、月季、粉团、杜鹃、宝相、千叶桃、绯桃、香梅、紫笑、长春、紫荆、金雀儿、笑靥、香兰、水仙、映山红等花，种种奇绝"。另，"四时有扑带朵花，亦有卖成窠时花，插瓶把花、柏桂、罗汉叶，春扑带朵桃花、四香、瑞香、木香等花，夏扑金灯花、茉莉、葵花、榴花、栀子花，秋则扑茉莉、兰花、木樨、秋茶花，冬则扑木春花、梅花、瑞香、兰花、水仙花、腊梅花"。

鲜花非四时皆鲜，假花制造业便因时而兴。南宋文人耐得翁在《都城纪胜·诸行》中记述过花店出售假花的情形："官巷之花行，所聚花朵、冠梳、钗环、领抹，极其工巧，古所无也。"

至明代，簪花习俗依然存在。明人《北京岁华记》记当时都人元旦簪花云："小儿女剪乌金纸作蝴蝶戴之，名曰闹'嚷嚷'。"节庆期间、婚嫁之时，妇女簪花，有绒花、珠花、绢花种种，簪于纂上、鬓角上，偶尔亦有满头簪花的。少女则于端午节时簪艾、石榴花。

三、梳篦

梳篦，统称"栉"，栉上面有背，下面有齿，齿有疏、密之分。疏者称"梳"，用以梳理头发；密者称"篦"，用以篦除发垢。《释名·释首饰》曰："梳言其齿梳也，数者曰篦。"栉也可以直接戴在头上作为装饰。《礼记·内则》曰："男女未冠、笄者，鸡初鸣，咸盥漱，栉，縰，拂髦，总角，衿缨，皆佩容臭，昧爽而朝。"这是说：未成年的孩子要在鸡叫即天刚亮时就起来盥洗，栉作梳发。縰是束发的黑帛。拂去发上的尘土，将头发梳成两个向上分开的发髻，其余头发分垂两边，下及眉际。腰间系上彩色丝带（衿缨），佩戴以布帛制成的装香料的香囊（容臭）。如唐李贺《秦

宫》诗曰："鸾篦夺得不还人，醉睡氍毹满堂月。"王琦汇解："篦，所以去发垢，以竹为之，鸾篦必鸾形象之也。"

从目前掌握的资料来看，早在4000年前，我们的祖先便有插梳的习惯。当时虽然不完全是为了装饰（有的和宗教、葬俗有关），但却是后世插梳习俗的源头。早在大汶口文化（前4200～前2500年）中就已经出现了骨梳玉栉，如泰安大汶口文化遗址出土的镂空旋纹象牙梳，有14～16齿，形制与功能都已十分完备。（见图5-12）

春秋以前的梳子，不论形制多么复杂，装饰多么考究，它们的外形特征基本一致，都是直竖形，梳把较高，横面较窄，很少作方形或扁平形的。

从战国到魏晋南北朝，梳篦的材料一直以竹木为主，尤以木料最为常见。梳篦的造型多上圆下方，形似马蹄。中国自古便注重礼仪，对仪容尤为重视。梳篦在古时是人手必备之物，尤其是妇女，几乎梳不离身，时间一久，便形成插梳的风气。晋傅咸《栉赋》曰："我嘉兹栉，恶乱好理。一发不顺，实以为耻。"[1]魏晋时期，妇女尤好将梳插入头上，梳逐渐变成一种头饰。这种情况至唐更盛，梳篦常用金、银、玉、犀等高贵材料制作，插戴方法在唐画如张萱的《捣练图》、周昉的《挥扇仕女图》及敦煌莫高窟唐代供养人的壁画中均能看到。元稹在《恨妆成》中写道："满头行小梳，当面施圆靥。"王建的《宫词》中也有"归来别施一头梳"的描写，说明插梳在当时颇为流行。隋唐五代的梳篦多

图5-12　大汶口时期象牙梳（中国国家博物馆藏）

① （唐）欧阳询撰，汪少楹校：《艺文类聚》卷七十，中华书局1965年版，第1225页。

做成梯形，高度明显降低，其质料及装饰视用途而别。宋代以后，梳子的形状趋于扁平，一般多做成半月形。明清时期的梳篦样式基本保持宋制。

宋代，宫中妇女也多在饰冠上安插白角长梳，后来传至民间。宋代城市经济发达，都市妇女非常喜爱高冠长梳这种发髻式样。都市经济的繁荣使得奢靡之风盛行，反映在妇女的发式上，就是大都会的妇女特别喜爱高冠大髻大梳。其冠甚高，以漆纱、金银、珠玉等制成，两侧垂有舌状饰物，用以掩遮鬓、耳、顶部缀的朱雀等形首饰，并在四周环插簪钗，于额发与髻侧插置白角长梳，其数四六不一。传世的宋人《娘子张氏图》中有"冠梳"形象。后因饰冠过高、角梳过长，曾被下令禁止。然而直至南宋，民间犹有高髻插梳之饰。《太平广记》引《志怪录》曰："彩衣白妆。头上有花插及银钗象牙梳。"宋人王栐《燕翼贻谋录》说："旧制，妇人冠以漆纱为之，而加以饰，金银珠翠，采色装花，初无定制。仁宗时，宫中以白角改造冠并梳，冠之长至三尺，有等肩者，梳至一尺。议者以为妖，仁宗亦恶其侈。皇祐元年十月，诏禁中外不得以角为冠梳，冠广不得过一尺，长不得过四寸，梳长不得过四寸。终仁宗之世，无敢犯者。其后侈靡之风盛行，冠不特白角，又易以鱼枕；梳不特白角，又易以象牙、玳瑁矣！"马端临《文献通考·王礼考九》中也记载："皇祐元年……先时，宫中尚白角冠梳，人争效之，谓之'内样'。其冠名曰垂肩、等肩，至有长三尺者；梳长亦逾尺。议者以为服妖，故禁止焉。"

这种习俗至明清时期仍然存在，只是梳篦的形制较前更为小巧、精致。梳篦样式基本保持宋制。随着经济的发展，梳篦铺开始出现。如明人陈大声写的《梳篦铺》歌曲："象牙玳瑁与纹犀，琢切成胚，黄杨紫枣总相宜。都一例，齿齿要匀齐。（么）清浊老幼分稀密，向清晨栉裹修饰。拂鬓尘，除发腻。诸人不弃，无分到僧尼。"[1]虽然富家贵族和普通平民所用的梳子形制相差无几，但用料及

---

① 路工：《访书见闻录》，上海古籍出版社 1985 年版，第 336 页。

装饰的华丽、制作的精巧程度却有着天壤之别。同时，这一时期，梳篦养生的功能被进一步发掘，李时珍的《本草纲目》及赵学敏的《本草纲目拾遗》中均有专门的条目谈及梳篦的药用功能，通过梳篦按摩穴位以达到"通血脉，散风湿"的功能。

四、步　摇

　　步摇，是指附在簪钗上的可以活动的花枝样的饰物，并在花枝上垂以珠玉等。因为插上这种首饰，随着女子款款而行，钗上的珠玉会自然地摇曳，因此名曰"步摇"。汉代刘熙《释名·释首饰》有"步摇，上有垂珠，步则摇动也"的记载。《后汉书·舆服志下》记载："步摇以黄金为题。"王先谦《集解》引陈祥道曰："汉之步摇黄金为凤，下有邸，前有笄，缀五采玉，以垂下，行则动摇。"汉代的步摇是以金为凤，下有鸥，前有笄，缀五彩玉以垂下，行则动摇。著名服装史专家周锡保先生认为：步摇乃以黄金为首，如桂枝般相缠，下垂以珠，用各种兽形绕以翡翠为花胜。因步摇上有垂珠，再加以翡翠金玉之饰，益臻行步动态之美。[①] 白居易在《长恨歌》中用"云鬓花颜金步摇，芙蓉帐暖度春宵"来形容杨贵妃。宋代谢逸《蝶恋花》描绘了步摇的美丽："拢鬓步摇青玉碾，缺样花枝，叶叶蜂儿颜。"与簪戴真花的历史相比，中国女性使用花形首饰的历史似乎更早，如战国楚人宋玉在《风赋》中已写出"垂珠步摇"的诗句。最早可见的步摇样式，在长沙马王堆1号汉墓出土的帛画中有所反映。画中一名老年贵妇，身穿深衣，头插树枝状饰物，这应是最早的步摇形象。甘肃武威出土的一件汉代金步摇，披垂的花叶捧出弯曲的细枝，中间一枝上有一只小鸟，鸟嘴中衔着下坠的圆形金叶，其余的枝条顶端或结花朵，或结花蕾，花瓣下边也坠着金叶。步摇最初

---

　　① 参见周锡保：《中国古代服饰史》，中国戏剧出版社1984年版，第156页。

只流行于宫廷与贵族妇女间，后逐渐成为礼制首饰，其形制与质地都是等级与身份的象征。汉代以后，步摇才逐渐被民间百姓所用，在社会上广为流传。到魏晋时，妇女戴步摇之风已相当流行。东晋顾恺之在《女史箴图》中绘出了它的形象。图中步摇皆两件一套，垂直地插在发前，底部有基座，其上伸出弯曲的枝条，枝上似有金摇叶。这种步摇一直延续到南北朝时期，是六朝贵族妇女喜爱的头饰。唐代步摇与魏晋有较大差异，其多以金玉制成凤形，口衔下垂的珠串。如李重润墓石椁上刻画的女子，其冠上所簪步摇为一对展翅欲飞的金凤（见图5-13）；韦洞壁画墓西壁所刻画的侍女也插着一凤形步摇；莫高窟第130号窟

图5-13 唐代插步摇的女子
（陕西乾县出土）

壁画中供养人的发髻上也插有口中衔着流苏的两支凤钗；等等。

唐宋之后，步摇形制变化多端，除金质外，还出现了玉石、珊瑚、琉璃、琥珀、松石、晶石等珍贵材料制作的步摇。明代"四大才子"之一唐寅在《招仙曲》一诗中写道："郁金步摇银约指，明月垂珰交龙绮。"可知明代步摇用"郁金"，这也许是用金属与珠宝镶嵌而成的一种步摇，其中不乏明代时兴起来的焊接新工艺。即将金累丝与金底托焊接在一起，再嵌上珍珠宝石等作点缀，其实用耐久程度大大超过了雕琢、焖压等传统工艺技术。清代步摇改称"流苏"，形式多样，顶端有龙凤头、雀头、蝴蝶、鸳鸯等，鸟雀或口衔垂珠，或头顶垂珠，珠串飘摇，颇显贵族风范。

五、头 巾

妇人扎巾大约产生于汉末，至魏晋南北朝时渐已普及。古时候的贵族妇女，

常在举行祭祀大典时戴一种用丝织品或发丝制成的头饰，这种头巾式的饰物叫"巾帼"。《玉篇·巾部》："帼，覆发上也。"一般巾帼上还要装缀一些金珠玉翠制成的珍贵首饰。因为只有女子戴这种头巾，且巾帼这类物品是古代妇女的高贵装饰，所以后人便将女中豪杰称为"巾帼英雄"。《后汉书·乌桓鲜卑传》曰："妇人至嫁时乃养发……饰以金碧，犹中国有簂（同"帼"）步摇。"《后汉书·舆服志下》也记载："公、卿、列侯、中二千石、二千石夫人，绀缯簂。"巾帼的种类及颜色有多种，用细长的马尾制作的叫作"剪氂帼"，黑中透红的叫"绀缯帼"。

《晋书·宣帝纪》中有这样一则故事说："亮数挑战，帝不出，因遗帝巾帼妇人之饰。"即在诸葛亮与司马懿交战过程中，司马懿避而不出，诸葛亮就派人给他送去巾帼，意在取笑他不敢出战，像个女人。

汉魏时期流行一种纶巾，男女都可佩戴。这种头巾质地厚实，可以将头发扎得很紧，不易松散。山东沂南汉墓出土的石刻中就有用纶巾束首的妇女的形象。

在唐代，最著名的妇女头巾要属她们着男装时所戴的幞头。如《旧唐书·舆服志》中记载当时女子"或有着丈夫衣服靴衫，而尊卑内外，斯一贯矣"，其中就包括幞头。（见图5-14）从当时的画迹来看，妇女穿男装，并不都戴幞头，也有挽各式发髻的情况。如陕西

图5-14 唐·张萱《虢国妇人游春图》（局部）

礼泉出土壁画中的女子就身穿男性的圆领袍，头戴绣花巾。（见图5-15）唐代妇女还流行一种裹法奇特的头巾，通常只裹住头顶，包住发髻，而将额发、鬓发露在外面，巾上还绘有花纹，类似于织锦。

图 5-15　唐代戴绣花巾的女子（陕西礼泉出土）

　　扎巾由于实用方便，因此在宋至元的 400 年间一直十分流行，也变换出多种扎系方法。到明清时期，又流行一种包头的习俗。如清人叶梦珠在《阅世编·内装》中说："今世所称包头，意即古之缠头也。古或以锦为之。前朝冬用乌绫，夏用乌纱，每幅约阔二寸，长倍之。予幼所见，皆以全幅斜褶阔三寸许，裹于额上，即垂后，两杪向前，作方结，未尝施裁剪也。"当时的文学作品中也常有这方面的描述。如冯梦龙的《醒世恒言》卷十六就记："可怜寿儿从不曾出门，今日事在无奈，只得包头齐眉兜了，锁上大门，随众人望杭州来。"凌濛初《二刻拍案惊奇》卷二十五中也有"吏典悄地去唤一娼妇打扮了良家，包头素衣……带上堂来"的描写。

　　年轻的妇女还有戴头箍的风尚。在明代绘画和雕塑中常常可看到，当时的女子不论老少都喜欢戴一块黑色的巾帕，叫"包头"或"额帕"。使用时将它对角斜折，从额头向脑后一绕，再把巾角绕到前额打一个结，这样既可防晒，又可挡风沙。

　　包头在使用中逐渐简化，变成一种新的饰物——头箍。最初以综丝为之，结成网状，罩住头发；后来又逐渐出现纱头箍和熟罗头箍。头箍的形式，初期尚阔，后又行窄，即使在盛夏季节，仍有人戴它。这说明它的作用已不限于束发，也有很浓厚的装饰意味。据有关文献记述，头箍裹额的额帕冬季为乌绫以御寒，夏季则改为较薄的乌纱，每幅阔 2～3 寸（6.5～10 厘米），长 4～6 寸（13～20 厘米）。但如此日日戴上卸下，显然有些麻烦，因此，妇女们便根据自己的发额头围的大小剪裁，里面夹衬较厚的锦帛，一般用乌绒、乌绫、乌纱等制作头箍，又称为"乌兜"。使用时，一戴即可，一取即脱，极为便利。明人沈石田诗中所

描述的"雨落儿童拖草履，晴干嫂子戴乌兜"，即指此物。富贵权豪势要之家的妇女在戴头箍和乌兜时，常点缀金玉、珠宝、翡翠等作为炫饰。冬季所用者除上述质料外，更多采用兽皮，考究者用貂鼠，水獭，俗称"貂覆额"或"卧兔儿"。

妇女的头式与头饰既反映了一定历史时期的经济发展状况，同时也是当时社会政治与文化发展的缩影。经济越发达，妇女们所佩戴的头饰就越多，制作工艺也越为精巧、复杂；社会政治文化越具有包容性，妇女的头式越丰富多彩，富有想象力。当然，头式与头饰还是妇女社会身份与地位的象征。《后汉书·舆服志》所记载的皇太后入庙时所佩戴的首饰就有六七种之多，而那些"平生不识绣衣裳"的贫家女子可能一生都没有几件像样的首饰。但不管怎样，她们在追求美的过程中，仍为后世留下了丰富的物质与精神遗产：典雅的头巾与华丽的皇冠一样美丽，普通的荆钗与高贵的步摇同样灿烂。

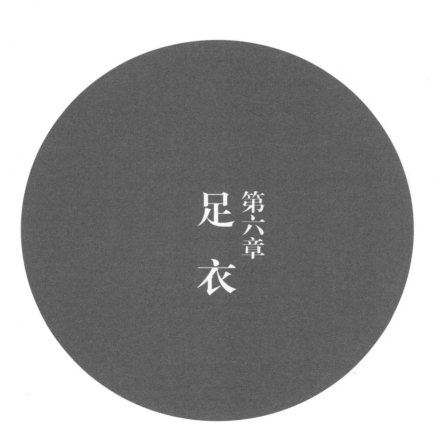

第六章

足衣

足衣，在古代所指为"鞋"或者"袜"并不明确。《说文》中说："屦，足所依也。"《左传·哀公二十五年》记有"褚师声子袜而登席"，晋朝杜预注"袜"即"足衣也"。本章所谓"足衣"，将二者都包含在内。足衣在历史发展过程中的不同阶段有着不同的名字，如屦、屐、屣、履、鞋、靴、鞍、舄、袜等。

远古时期无履，为了抵御来自自然界的侵袭和野兽的伤害，原始人不仅群居而生，而且还共同从事狩猎、采集等生产劳动，以获取食物，然后分而食之。在采集、狩猎的过程中，人们常常跋山涉水，脚很容易为碎石和针刺等所伤，因此他们便尝试将树叶、兽皮等绑缚在脚底，保护脚掌。在5000多年前的仰韶文化时期，就出现了兽皮缝制的最原始的鞋袜。随着社会的不断进步，人们开始对所着之足衣进行分工，出现了专践于地的鞋和衬于鞋内的袜子。

一、履

履，即屦。屦是上古时期鞋子的通称，大概在汉代以前，鞋子多名"屦"。许慎《说文解字·尸部》云："屦，履也。"段玉裁注："晋蔡谟曰：'今世所谓履者，自汉以前皆名屦。'"屦的质地分为葛、麻、菅草、丝、皮等。多种历史文献都有类似的说法。如《诗经·魏风·葛屦》："纠纠葛屦，可以履霜？"《仪礼·丧服》记："不杖，麻屦者。"《礼记·少仪》："国家靡敝，则车不雕几，甲不组縢，食器不刻镂，君子不屦丝屦，马不常秣。"可见，屦是当时鞋子的统一称谓。

周代官方设有"屦人"一职，隶属于天官之下，专掌王及王后所用的各种鞋履。西周时期穿鞋子也有很多礼仪上的规定。如《礼记·曲礼》称："户外有二屦，言闻则入，言不闻不入。……屦不上于堂，解屦不敢当阶。就屦，跪而举之。"就是说，看到门口已放着两双屦时，表明屋里已有两人，为了表示对他人的尊重，只能在听到里面的人高声说话时，才可进去；进去前先将屦脱下，放在门

口石阶之下；出来再穿时，必须采取蹲跪之势。这里涉及古代穿鞋履的一些礼俗，此时桌椅等家具尚未出现，人们多采取席地而坐的方法。这种席子既是地席，也是坐席，到了晚上又成了卧席，为保持席子的干净整洁，登堂入室必须将屦脱下，放在门外。

战国以后，"履"字替代了"屦"，成了鞋子的通称。《韩非子·外储说左上》曰："郑人有欲置履者，先自度其足，而置之其坐。"《晏子春秋·内篇杂上》载："齐有北郭骚者，结罘网，捆蒲苇，织履以养其母。"可见，在战国时期"履"作为鞋的通称已比较普遍。《汉书·郑崇传》记曰：郑崇被哀帝擢为尚书仆射，每当郑崇"曳革履"进见时，哀帝都会大笑说"我识郑尚书履声"。这里的"履"就是鞋履的通称。扬雄在其《方言》一书中说："扉、屦、麤，履也。扉、屦、麤，履也。徐兖之郊谓之扉。自关而西谓之屦，中有木者谓之复舄……'履'，其通语也。"

图 6-1 秦代穿方口履的兵马俑
（秦始皇陵兵马俑坑出土）

履也是秦汉时期的主要足衣，从形制上看，这一时期主要是方口履。陕西西安出土的秦始皇陵兵马俑就穿着一种方头方口的履。（见图 6-1）汉代的履基本上承袭了秦代的旧制，履式变化不大，只是有的履前端的两个方头上翘，时称"翘头履"。这种履的形制一直影响到后世，后人认为古人采用"翘头履"的原因有三：第一，古人都穿深衣裙袍，穿裙袍最大的缺点就是容易摔跤，而鞋子前面有一块翘头，整个裙袍就可以放在鞋翘里面，这样走起路比较安全，不至于踩到裙袍。第二，起警戒作用。穿着鞋子走路，偶尔会碰到硬物，而鞋子上翘，就可以避免伤脚。第三，鞋子最容易破的地方就是鞋头，因此在鞋头前面加个鞋翘，再让这个鞋翘跟鞋底连在一起，可增加鞋的耐穿性。

还有一种履，称为"舃"。《释名·释衣裳》云："履……复其下曰舃。舃，腊也，行礼久立，地或泥湿，故复其下，使干腊也。"晋崔豹《古今注》曰："舃以木置履下，干腊不畏泥湿也。"舃就是为防止潮湿而增加了木底的履。履是单底鞋，舃是复底鞋。早在春秋时期就有舃。《周礼·天官》所记："履人掌王及后之服屦，为赤舃、黑舃、赤繶、黄繶、青句、素屦、葛屦。"文中提到的舃和屦指周代的鞋子。舃，是加厚底的鞋子；繶，指牙底相接的缝处，在其间有缀条；句，指屦顶头上翘起的部分。后世多将"履""舃"并列，统指鞋类。例如，白居易《想东游五十韵》一诗中就说："饮思亲履舃，宿忆并衾稠。"再如姚合《扬州春词三首》其二记："竹风轻履舃，花露腻衣裳。"后来舃逐渐发展为祭祀服，比如唐代虽然很流行靴子，但是在祭祀时人们仍然要穿舃，而不能用靴。从唐人杜佑所编《通典》等书中还可以看到，唐代帝王侍臣在最隆重的祭祀场合仍穿赤舃，后妃陪祭用青舃。明代的服制对鞋式的规定很严格，人们无论官职大小，都必须遵守服制，在不同的场合须穿着不同的鞋式。祭祀时与穿衮服和朝服相配套的是舃，皇帝的舃有白、黑、赤三色，赤舃为上；皇后的舃有赤、青、元三色，元舃为上。

秦汉时期，女式履与男式履相差不多，区别在于男式履多用革或麻线制成，而女式履则用各种丝织品为材质。如长沙马王堆出土的四双翘头履都是丝质履。（见图6-2）二者的区别还体现在履头的形状上，男式履多为方头，而女式履多做成小巧的圆头。不过，这一区别是在汉代稍晚时才出现的，汉初女式履也是方头的。到了东汉中晚期，男式履有不少也是圆头的。从整体上看，这一时期，女式履除了在装饰上比男式履复杂之外，二者已经没有很大的区别了。

图6-2　西汉歧头丝履（湖南长沙马王堆出土）

魏晋南北朝时期，履的形制在东汉履制的基础上，又有一些新的式样出现。

这些式样的一个共同特点是增加了文彩，即或在鞋面上绣彩色花纹，或是将金箔剪成花样，粘贴或缝制在鞋帮上。如南朝梁武帝在《河中之水歌》中所吟咏的："头上金钗十二行，足下丝履五文章。"其光鲜亮丽可以想见。另一个特点则是履头形式多样，或圆头，或方头，或歧头，或笏头。①南朝改朝换代较为频繁，不同的时期形成了不同的履制，如宋有重台履，梁有笏头履、分捎履、立凤履，又有五色云霞履、伏鸠头履、紫皮履、解脱履等，设计创意不断，更别出心裁的是，有人将新履故意弄破，使之露出脚趾，谓之"穿角履"。如《魏书·王慧龙传》记载："遵业从容恬素，若处丘园。尝着穿角履，好事者多毁新履学之。"还有用各种宝物制成的"宝履"。据《南史·废东昏侯本纪》记载，东昏侯不务朝政，生活极端奢侈，他曾为宠爱的潘妃特制了一双值千万钱的宝履，奢侈到了极点。这一时期履的质料也是比较丰富的，有丝履、草履、革履和绣履。

除履的样式变化较多外，由于古人的服装着色也特别讲究，因此在履的着色问题上也有一定规定：一般士卒、百工用绿、青、白色；奴婢、侍从用红、青色。

隋唐时期的履种类较多，从质料上分，有毡履、丝履、麻履、葛履、革履、草履、蒲履、芒履等。毡履就是用毡制成的鞋，本为胡服，传入中原后，被奉为时尚。诗句"布裘寒拥颈，毡履温承足"中所说的就是这种履。丝履即用丝织品制成的鞋。杜甫《大云寺赞公房四首》其二就赞其曰："细软青丝履，光明白氎巾。"这种鞋多为上层贵族所服。麻履就是用麻织物制成的鞋，多为僧人所穿着，如贾岛《宿赞上人房》诗云："朱点草书疏，雪平麻履踪。"

从色彩上看，隋唐时期的履有皂履、朱履等；从装饰上看，有珠履、绣履、碉履等；从样式上看，有小头鞋履、高墙履等。其中，高墙履前头高出一个长方形鞋头，系南北朝笏头履衍化而来，贵夫人的履大多具有各种各样装饰精美

---

① 歧头履的样式是鞋头分叉，双尖向上翘起，不分左右。笏头履履头高翘，呈笏板状，顶部为圆弧形，男女均可穿着。

的高耸履头，最高达 30 厘米。当时妇女还经常穿一种尖头且略微向上弯的鞋，这种鞋是从汉代勾履发展而来的。此鞋多以罗帛、纹锦、草藤、麻葛等面料为履面，履底薄，履帮浅，较轻巧便利，翘头做成凤头、虎头等，灵巧逼真。此外，还有"重台履""高墙履""勾履""芴头履"等名称。《旧唐书·舆服志》中说，妇女多穿平头小花履，麻线编成，简称"线鞋"。线鞋在唐开元初始出现，后较为流行。此时民间老百姓仍然穿手工编制的布履和蒲草编织的履。

至宋代，缠足之风愈演愈烈，缠足履也因之演变出不同的形制，把唐代崇尚的"小头鞋履"推到了 3 寸（约合 10 厘米）为美的程度。文人推波助澜，进一步创造出了"金莲文化"。当时的女鞋小而尖翘，以红帮作为鞋面，鞋尖往往做成凤头的样子（此将在下部分内容中详细叙述）。下层妇女因多下地耕作，而缠足不便于劳动，因此并不普遍，她们与男子一样，多穿平头鞋、圆口鞋或者蒲草鞋。宫中的歌舞女子则可以穿大足靴进行表演。

二、屦　屐

屦　屦，指草鞋。《说文·履部》曰："屦，履也。"东汉末年刘熙《释名·释衣服》云："屦，跻也。出行着之，跻跻轻便也。"文献记载和先后出土的西周遗址中的草鞋实物以及汉墓画像上陶俑穿的草鞋都可证实这一点，并且由此也可明确知道，早在 3000 多年前的商周时代就已出现了草鞋。《战国策·秦策一》"苏秦始将连横说秦惠王章"中有苏秦"资用乏绝""赢縢履跻，负书担橐"的记载。屦最早的名字叫"扉"，相传为黄帝的臣子不则所制。由于以草作材料，非常经济，因此平民百姓都能自备。汉代称为"不借"。据宋代吴坰《五总志》一书的解释是："不借，草履也，谓其易办，人人自有，不待假借，故名不借。"古代穿草鞋相当普遍。据西晋崔豹《古今注·舆服》记载，贵为天子的汉文帝刘恒也曾"履不借视朝"。古代的侠客、隐士更以穿草鞋为时髦，苏轼《定风波》"竹杖芒鞋轻胜马，谁怕？

一蓑烟雨任平生"中的"芒鞋",就是用芒茎外皮编成的草鞋。唐代又有"草屦"之称。如李端《荆门歌送兄赴夔州》诗曰:"沙尾长樯发渐稀,竹竿草屦涉流归。"

屝,也指无跟之鞋,即拖鞋,主要指草拖鞋,南北朝时最为常见。因草拖鞋只可在家居时穿,不能穿着行路,是鞋中最可轻弃之物,所以"脱屝"即脱弃草拖鞋,比喻将某物看得很轻。

屐 屐,即木屐。《说文·履部》云:"屐,屩也。"段注:"《释名》云:屐,搘也。为两足搘以践泥也。又云:屩不可践泥也。屐践泥者也。然则屐与屩有别。"屐底一般有前、后两排齿,走在泥地上,两排齿着地,能够避免鞋底与地面直接接触,下雨天踏泥淌水是比较方便的。

木屐是一种用木或竹为主要材料制成的凉鞋。汉代就有关于屐的记载。《汉书·爰盎传》载:"屐步行七十里。"关于木屐的产生,历史上流传着多个版本。一说木屐可以追溯到春秋战国时期。相传,晋国公子重耳曾因国内之乱而出外流浪19年,回国即王位后,是为晋文公。他对那些曾经与他共患难的人一一封赏,唯独忘了介之推。晋文公后悔不迭,屡次敦请,但介之推却拒不受禄,隐于山中。文公无奈,乃以火烧山,以为这样可以逼他出任。但介之推却坚持不出,最终抱树而死。事后,文公甚是哀惜,便以该树制成木屐,以作纪念。另一则版本与孔子有关。据说,孔子喜欢穿木屐,他在周游列国时,就是穿着木屐的。当然,这些传说有附会之嫌,未必可信,但至少能从侧面说明,木屐历史久远。木屐广泛流行,主要在于其实用性强。古人曾总结出人们喜欢穿木屐的五种原因:"南方地卑,屐高远湿,一也;炎徽虐暑,赤脚纳凉,二也;所费无几,贫子省钱,三也;澡身濡足,顷刻遂燥,四也;夜行有声,不便为奸,五也。"[1]正因为如此,木屐在民间很流行。据《后汉书·五行志一》记载:"延熹中,京都长者皆著木屐;妇女始嫁,至作漆画五采为系。"到六朝时,士族显贵穿木屐成为风尚,有的木

---

① 《潮阳县志》卷十三,清光绪十年刊本影印本,台湾成文出版社1966年版,第193页。

屐还有高跟。如《晋书·谢安传》载，东晋与前秦淝水大战时，东晋显贵、权臣谢安正在下棋，忽报晋已取胜，谢安轻描淡写地说："小儿辈打了胜仗！"不过，棋一下完，他匆忙穿上木屐，由于过于高兴，连跟都给拐掉了。当时木屐多上漆，男子穿的黑色木屐是日常生活中的便鞋。姑娘出嫁时，也要漆画彩屐作为妆奁。

木屐的种类很多，大多以所用的材料和形状而定名。如平底的木屐叫"平底屐"，竹制的屐叫"竹屐"，屐上用了棕丝的叫"棕屐"。有的还在木屐的底部装上屐齿。如《宋书·武帝本纪》载，武帝"性尤简易，常着连齿木屐"。据说，连齿木屐创始于南朝著名诗人谢灵运，其最大的创新就是鞋齿可根据需要随意装卸。据《南史·谢灵运传》载，为排解心中对政治的不满情绪，谢灵运终日游历于山水之间，发明了登山木屐，上山则去前齿，下山则去后齿，很是方便省力。（见图6-3）李白就曾穿着谢公屐，登上了高耸入云的天姥山，写下了"脚着谢公屐，身登青云梯。半壁见海日，空中闻天鸡"的著名诗句。

图6-3 谢公屐（现代仿制）

此时还流行一种蜡屐，即用蜡涂过的木屐。《晋书·阮籍传》记："或有诣阮（孚），正见自蜡屐，因自叹曰：'未知一生当着几量屐！'神色甚闲畅。"用蜡涂屐能增加木屐的防腐性能，穿着它便于游山玩水。唐人刘禹锡《送裴处士应制举诗》中"登山雨中试蜡屐，入洞夏里披貂裘"一句，就很好地体现了在下雨天穿蜡屐登山的优势。

木屐不但流行于民间，军中士卒也经常穿。三国时期，魏国司马懿入蜀作战，行军途中多长有蒺藜，士卒穿着履鞋行走，脚经常被扎伤，影响了行军速度。于是，司马懿传令让军士穿上平底木屐，从而有效地防止了蒺藜的扎刺，加快了行军的速度。

虽然木屐在穿着上没有严格规定,但男、女木屐还是有一定区别的。《宋史·五行志一》记载:"初作履者,妇人圆头,男人方头。圆者,顺从之义,所以别男女也。"这一区别直到太康年间（280～289年）才慢慢消失,男、女都可以穿方头屐。尽管南朝时穿木屐的人很多,甚至木屐被视为一种时髦足衣,但它始终未被用在正式的礼仪场合上,凡参加较为重要的典礼或活动,从帝王到朝臣都必须按传统礼规穿履参加。即使是一般的士庶之人,在平时的访问、会友等场合也都要穿着履鞋,否则将被视作失礼。

三、靴

靴,本作"鞾",是一种高度在踝骨以上的长筒鞋。汉刘熙《释名·释衣服》载:"鞾,跨也。两足各以一跨骑也。"靴多为皮革制成,最初是北方少数民族的足衣。战国时期赵武灵王提倡"胡服骑射",靴遂传入中原。

"胡服骑射"是我国鞋文化史上第一次伟大的改革实践。战国时期,列国间战争频繁。赵武灵王首先引进北方民族和西域少数民族所着的胡服,战士们穿短衣、着裤、着马靴,作战十分灵活。于是赵国逐步放弃车战,改用骑兵战术,终于雄踞"战国七雄"之一。靴的出现,是古代鞋子发展史上的一个伟大的里程碑,从此,皮靴不仅成为各朝各代的军事用鞋,也成为皇帝和百官的朝服用鞋,甚至传入民间,演变为生活用鞋。

秦汉沿用靴鞋,除胡人及汉人士兵外,北方普通人也多穿靴。靴多是用生革制成的,由于皮革坚硬,耐磨经久,因此上层社会人物穿皮靴倒成为生活俭朴的表现。一些富人们多在皮靴上包上绸缎的鞋面,在鞋口缘上丝带,制成极为美观精致的革履。

靴子在魏晋南北朝时穿用更为广泛,无论官民都可以穿。南北朝时期的靴子,多数是长度至膝的高筒靴,《南史·陈暄传》就有"袍拂踝,靴至膝"的记载。《北

齐校书图卷》中所绘人物穿的靴子，也多是这种高筒靴。这时的靴子多为深色的革靴，选用的革料有羊、马、牛之皮。据说还有用虎皮制成的靴子，比如《南史·萧琛传》中说萧琛年少时曾穿虎皮靴。可见在南北朝时，靴子的种类也很多。

从唐代开始，百官朝服开始弃舄而用靴，靴子进入了封建冠服体系之中，地位得到了进一步的提高。不但如此，靴子的穿着礼仪，还使整个封建政治礼仪发生了一些变化。秦代以前，所有的官员进入宫殿的时候都要脱鞋，甚至连袜子都要脱掉，但是到了唐代以后，由于政治开明，官员都可以穿着靴子进朝，甚至妇女也可以穿丈夫的靴子，骑着马到处跑。如《新唐书·韦斌传》记载，唐代官员韦斌"天性质厚，每朝会，不敢离立笑言。尝大雪，在廷者皆振裾更立，斌不徙足，雪甚，几至靴，亦不失恭"。这是当时官吏着靴上朝的实例。从制式上看，一般靴子常用彩皮或织锦制成尖头短靴，靴面镶嵌珠宝。此时还出现了一种新的靴子——六合靴，它是用六块皮革拼合缝制而成的。另外，还有长勒、短勒、圆头、平头、尖头等多种款式。

靴子最初为少数民族足衣，后进入中原在民间广为流传，并逐渐被上层社会认可，最终变为中原的礼服。在这一变化过程中，其造型渐趋完美，并且有了新的变革。

宋沿唐制，祭服用舄，朝服用靴。北宋末年曾一度改制：祭服用舄，朝服用履。但不久又恢复靴制。如《宋史·舆服志》记："靴，宋初沿旧制，朝履用靴。政和更定礼制，改靴用履。中兴仍之。乾道七年，复改用靴。"然而祭祀时用舄，不曾有过更改。孟元老的《东京梦华录》记皇帝"驾诣郊坛行礼"颇详，皇帝到了祭地，则"更换祭服，平天冠二十四旒，青衮龙服，中单，朱舄"。朱舄就是赤舄。宋后期，靴的质地为革，一般用黑革作靴面，里面衬毡子，靴筒高八寸，文武官员按其品级、服色来饰其靴边缝滚条。

明代开始禁止百姓、商贾穿靴，这使得靴成为等级的标志。官员们以穿朝鞋（又名"云头履"）和靴子为规矩，儒生们则以穿双梁跕鞋为体面，校尉力士

只准在上值时穿靴，外出时不许穿。儒生和官员、贵族穿的靴子在用料和质地上也有所差别，以区别身份。贵族以着卷靿、皮扎翁为多。

到了清代，男子穿便服时以鞋为主，穿公服时则需穿靴子。在穿靴方面，清代沿袭明代制式，文武官员及士庶可着靴，而平民、伶人、仆从等不可穿靴。清代的靴底子都比较厚，为了减轻靴底的重量，一般采用通草做底，后改为薄底。靴子的面料多为黑缎，式样初期为方头，后改行尖头。朝服仍用方头靴。民间士庶的靴多为尖头靴，无论贫富，式样相同，只是用料有严格区别。富者在春秋两季可着青素缎靴，冬季可穿青绒靴。一般士庶只能穿青布靴。高级官员穿的靴子为牙缝靴，武弁、公差则着一种叫"爬山虎"的轻便短靿薄底靴。

四、鞋

鞋，本作"鞵"。《说文·革部》："鞵，生革鞮也。"鞮，即革履。汉刘熙《释名·释衣服》说："鞋，解也。着时缩其上如履然，解其上则舒解也。"可见，鞋上有带子绑缚，是可以调松紧的。鞋与履的区别并不明显。《旧唐书·舆服志》载："武德来，妇人着履，规制亦重，又有线靴。开元来，妇人例着线鞋，取轻妙便于事，侍儿仍着履。"由此来看，鞋比履更为轻便。但在中国古代的各个时段，"鞋"一般又是各类鞋子的统称。正因为如此，鞋的种类和样式更加丰富。下面就比较常见的款式逐一介绍。

绣花鞋　严格意义上说，绣花鞋并不是鞋的一种类型，而是鞋文化与刺绣艺术完美结合的产物。绣花鞋是华夏民族独创的手工艺品，这种根植于民族文化中的生活实用品被世人誉称"中国鞋"。历代妇女传承着古老的绣花鞋技艺，在不盈方尺的鞋材上，一针一线地述说着各个朝代的审美观念、文化传统、伦理道德与时尚潮流。

古代文人笔下所形容的仕女，走起路来婀娜多姿，尤其莲步挪移间裙摆下

不经意露出的鞋尖，上面或是一朵娇艳欲滴的牡丹，或是一只顾盼生姿的孔雀，千娇百媚，尽在足下绽放，既惹人怜爱，也引人遐想。千百年来，女性从不放弃在绣花鞋上争相竞艳，不断增添足下风姿。

绣花鞋的刺绣修饰手法沿袭了东方装饰唯美的审美风尚，注重鞋面的章法和鞋帮的铺陈，并配以鞋口、鞋底的工艺饰条，用彩色丝线从鞋头到鞋跟，甚至在鞋底和鞋垫上都绣上繁缛华丽的纹样。绣花鞋的绣纹主题来源于生活，主旋律是民间文化和民俗风情，基本参案有花鸟草虫、飞禽走兽、爪蒂花果、山川风物、戏剧人物等。吉祥参案有莲生贵子、榴开百子、双蝶恋花、龙飞凤舞等，寓意着对生命和美满人生的赞歌。

绣花鞋最早起源于何时何地，仅从传世文献来看，还无法得出明确的答案。而在民间广泛流传的传说故事，或许能够反映出绣花鞋发展的一些情况。春秋战国时期，群雄争霸，当时位于今山西省的晋国是个小国。公元前 660 年，晋献公当了国君后竭力开疆拓土，一举吞并了 10 个小诸侯国，开始称霸。为了让全国百姓铭记他的文治武功，他命令宫中所有女子必须在鞋面上绣上石榴花、桃花、佛手、葡萄等钦定的 10 种花果纹样，同时还下令全国平民女子出嫁时必须以这种绣了纹样的"十果鞋"作为大婚礼鞋，以便世世代代都不忘自己的赫赫战绩。当时称此种图案的绣花女鞋为"晋国鞋"[1]。晋国的刺绣工艺便从绣花鞋延伸到绣花衣以及其他用品上。

无独有偶，在一些少数民族地区也有关于"十果鞋"的传说。聚居在甘肃积石山大河家一带的保安族，至今还保留着穿绣花鞋的民族传统。这个民族流传下来的古老歌谣"花儿"中这样唱道："青缎子鞋面斜截上，'十样锦'花草绣上……尕妹是牡丹我接哩，阿哥是绿叶配哩。"[2]据有关调查显示，我国有 20

① 张仲谋主编：《非物质文化遗产传承研究》，文化艺术出版社 2010 年版，第 423 页。

② 王仲保、胡国兴主编：《甘肃民俗总览》，民族出版社 2006 年版，第 559 页。

多个少数民族把绣花鞋作为本民族的穿着特色。在中华民族鞋类大家庭中，绣花鞋已成为全民族共同的文化财富，也是名副其实的"中国鞋"。

"何以消滞忧，足下双远游。"①这是一首定情诗，是说如何消解积于内心的烦忧，看到这双绣花鞋就足矣。"远游"即指绣花的鞋子。可见，绣花鞋在古代是一种定情物。曹植的《洛神赋》也说道："披罗衣之璀粲兮，珥瑶碧之华琚。戴金翠之首饰，缀明珠以耀躯。践远游之文履，曳雾绡之轻裾。微幽兰之芳蔼兮，步踟蹰于山隅。"②文人们在鞋子中寄托了万般情愫，而这种情愫既源于审美的需求，也暗含着某种价值观的流溢。至宋代，伴随着程朱理学和裹脚风潮的兴盛，绣花鞋逐渐与弓鞋相结合，在中古以后开始扮演重要的角色，并最终成为一种特殊的文化现象和标志着女性社会地位的文化符号。在这个意义上，关注弓鞋的产生、演变与消亡，有着更加特殊的意义。

高跟鞋　高跟鞋产生的确切时间尚不明确，唐宋时期，女子已经开始穿高跟鞋了。如宋代书法家米芾在《唐文德皇后遗履图》的跋中记述，唐代长孙皇后的鞋子"以丹羽织成，前后金叶裁云饰，长尺，底向上三寸许"。这种鞋的鞋底因高3寸多，下底窄小，还有一个特殊的名字，叫作"晚下"。《释名》解释说："晚下如舄，其下晚晚而危。妇人短者著之，可以拜也。"③拜，即俯身的意思。穿高跟鞋并不单单是为了追求美观，更主要的原因恐怕是来自礼教的约束。妇女穿的衣裙一般都要曳地，既把身体的每一个部位都包住，又不妨碍走路，于是，"衣曳地则覆履，惟见底，故底高"④。可见，明朝女子鞋子的底高，不仅仅是为了增高炫美。明代的高跟鞋（见图6-4）在后跟部装上4～5厘米高的圆底跟，然

①（梁）萧统编，（唐）李善注：《文选·洛神赋》李善注引繁钦《定情诗》，上海古籍出版社1986年版，第898页。

②（魏）曹植著，赵幼文校注：《曹植集校注》，人民文学出版社1984年版，第283页。

③（清）徐珂撰，路建宏等点校：《康居笔记汇函》，山西古籍出版社1997年版，第499页。

④（清）俞正燮：《癸巳类稿》卷十三，辽宁教育出版社2001年版，第449页。

后以丝绸裱裹。

旗鞋　清代满族旗人妇女穿的鞋即旗鞋，这是一种高底鞋。鞋底上宽下圆，形似花盆，俗称"花盆底鞋"。因鞋底制成马蹄状，所以又叫"马蹄底鞋"。鞋底和鞋跟都是木制的。木跟镶装在鞋底中

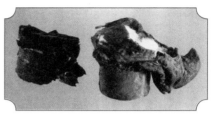

图6-4　明代高跟鞋（北京定陵出土）

间，跟高3寸（约10厘米）多，整个木跟用白细布包裹，也有外裱白绫或涂白粉的，俗称"粉底"。旗鞋的面料为绸缎，上绣五彩图案。随着年龄的增长，鞋底的高度也逐渐降低，一般老年或劳动妇女多穿稍矮或平底的鞋，如"船形高底鞋"等。（见图6-5）

晚清紫缎绣牡丹花盆底棉鞋　　湖色缎绣兰花镶嵌宝石花马蹄底女鞋

图6-5　清代旗鞋（北京故宫博物院藏）

为什么满族妇女会选择穿旗鞋这种特殊的鞋子？据说有以下三点原因：一是满族妇女喜欢穿长袍，行走不便，便在鞋底加上高底。二是穿旗鞋走路时会发出有节奏的响声，蛇虫听到就会远远避开，起到驱避蛇虫的作用。三是旗鞋鞋底高，使妇女的身材显得更加修长；同时，因为鞋的特殊造型，女子走路时双臂前后摆动幅度较大，身材更加婀娜多姿。

清末，西方的皮鞋传入中国，并从20世纪二三十年代开始在中国的大城市流行起来，当时许多达官显贵、时髦男女都把穿西式皮鞋、高跟鞋出入舞场看作是时尚新生活的标志之一。民国时期，还有一种皮底、绸缎面、手工制作的绣花鞋迅速风行，它以浓郁的民族特色、精细的手工工艺备受广大妇女的青睐。

在近代，鞋的样式根据服装款式的变化而形成了新的格局，造型简洁，样

式精美，尤其是由手工操作慢慢过渡到机器加工，制作愈加精致。各种材料都被合理地应用于鞋靴的设计与制作中，各种高新技术使材料的质地、质量更加完美。如果说鞋靴的产生主要以实用为目的，在历史发展过程中逐渐过渡到实用与审美相结合，那么当今的鞋靴则被赋予了更多的元素。人们不但追求鞋靴的实用与美观，还从卫生、科学的角度，不断研究鞋靴的透气性、保暖性、舒适性等功能。

"千里之行，始于足下。"鞋子在人类历史发展过程中有着非常重要而又独特的作用，并且已经被人们赋予了丰富的文化内涵，成为一种文化的载体。人的一生，无论出生、婚嫁，还是寿诞、丧葬，在不同的时期、不同的时刻，要穿不同的鞋子。比如，小孩子一出生，长辈们便会给他准备好一双动物造型的鞋，最常见的是虎头鞋，寄托着家长乃至整个家族希望孩子生龙活虎、健康成长的愿望。此外，猪头、兔头等小动物造型的童鞋也很常见。传统社会中，姑娘在出嫁时必须要穿红鞋，它是和整个中华文化的内涵联系在一起的。因为中华民族把红色作为一种吉祥色，所以姑娘在出嫁时都要亲自做一双红鞋子，并绣上龙、凤，寓意幸福吉祥。此外，老年人每逢寿诞要穿寿鞋，上边绣有"寿"字或"万"字图案，寓意万寿无疆。有些地方每逢丧葬，送葬者有穿麻鞋、草鞋的风俗，体现了送葬的人以最朴素的感情告别亡者，寄托哀思。

五、袜

"足衣"或"足袋"是古人对袜子的称呼。东汉许慎《说文解字》中说："袜，足衣也。"作为一种穿在脚上的服饰用品，袜子起着保护和美化双足的作用。"袜子"一词最早见于唐末马缟《中华古今注》："三代及周着角袜。""三代"是夏、商、周时期。"角袜"应该是用兽皮制作的原始袜子，所以繁体字写作"韤"，从革。后来，随着纺织品的出现，袜子又由兽皮发展到用布、麻、丝绸制作，"韤"也

相应地改为"韤",最后简化为"韈"以及今天我们所说的"袜"。"袜"字的嬗变过程,与社会经济发展以及纺织技术的进步相一致。"袜"实际有两个读音:音 mo,指女性的内衣;音 wa,即今天所说的袜子。《广韵》入声十三"末"韵中"袜,袜肚。莫拨切",与入声十"月"韵中"韤,足衣。韈、韤、袜望发切"之"袜"为两字。

古时袜子的形制大约有统袜、系带袜、裤袜、分指袜、光头袜和无底袜等六种。统袜的筒长短不一,有的长至腹部,有的仅至踝间。裤袜是膝裤与袜相连制作而成的一种袜子。系带袜为的是穿着时不易脱落。分指袜是将拇趾与另外四趾分开,形如"丫"状,所以俗称"丫头袜"。光头袜和无底袜多为缠足的妇女所穿,俗标"半袜"。

夏商周时期的袜子呈三角形,属于系带袜,只能套在脚上,然后再用绳子系在踝关节上。《韩非子·外储说左下》中记述:"文王伐崇,至凤黄墟,袜系解,因自结。"说的是周文王征讨崇国,在凤凰墟自己手扎袜带。这种袜子一直延续到汉代。

自纺织布帛出现后,人们的袜子虽开始用纺织品制作,不过皮袜仍然存在,特别是在寒冷的冬天,皮袜往往比布帛制成的袜子更加保暖。

在今天看来,袜子虽不甚起眼,但在古人那里,穿袜有着极为严格的礼仪规范。臣下见君主时,必须先脱掉履、袜才能登堂,不然就是失礼。《左传·哀公二十五年》就记载了这样的故事:一次,卫国君主与诸大夫饮酒。褚师声子没有脱袜子就登上了席子。卫侯见状大怒,褚师声子惧怕惩罚就赶快逃走了。脱袜上堂在当时是一种常识,对于平辈和身份相等的人来说,脱履之后,在室内脱不脱袜子,悉听尊便。但如果是和长辈或身份比自己高的人在一起,就必须脱掉袜子。清人赵翼《陔余丛考》"脱袜登席"条曰:"古人席地而坐,故登席必脱其屦……然臣见君则不惟脱屦,兼脱其袜。"这种情况在民间也有所反映,如当时的妇女在服侍公婆时,也不能穿袜子,以跣足为敬。《淮南子·泰族训》

中就有"子妇跣而上堂，跪而斟羹"的记载。跣足即赤脚。可见，古代妇女在长辈面前也和男子一样，以脱袜跣足为礼。

当然，贫困的老百姓没有条件经常穿布帛制成的袜子，当时袜子多为上层社会的人所穿，因而在一定程度上是社会身份和地位的象征。如《史记·滑稽列传》记载，东郭先生"贫困饥寒，衣敝，履不完。行雪中，履有上无下，足尽践地"。可见，东郭先生的鞋子没有底，也没有穿袜子，只能双脚踏在雪地上，一个个脚印历历在目。

秦汉时期，袜子是用熟皮和布帛制成的，富贵人家可穿丝质的袜子，最精者用绢纱制成，并绣有花纹。此时的袜子袜头齐，靿后开口，开口处并附袜带，袜高一般一尺余，上端有带，穿时用带束紧上口，其色多白，但祭祀时所着袜则用红色。袜为双层，袜面用较细的绢，袜里用稍粗的绢。整个袜子可用一块布制成。1972 年，湖南长沙马王堆 1 号汉墓出土的女袜就是用素绢制成的，里外两层，袜面用绢较细，袜里用绢较粗。袜筒后开口，开口处附有袜带，袜带是素纱的。袜的号码为 23 厘米和 23.4 厘米，袜筒高 21 厘米和 22.5 厘米，头宽 10 厘米和 8 厘米，口宽 12.7 厘米和 12 厘米。（见图 6-6）即便以现在的眼光来看，这种袜子的制作技术也是较高的。如果由此算起，

图 6-6　西汉素绢袜（湖南长沙马王堆出土）

我国的袜子缝制工艺也有 2000 多年的历史，比欧洲国家要早得多。

1975 年，湖北江陵凤凰山西汉墓出土的另一双女袜以麻衣制成，素而无绣，底长约 22 厘米，质地和做工要比马王堆 1 号汉墓出土的女袜稍差。这一时期见于史载的还有锦袜、绫袜、绒袜、毡袜等。

东汉时期，织袜技术较为高超。1959 年，新疆民丰大沙漠 1 号墓出土了一双东汉女袜，堪称足衣珍品。该足衣基本上呈长筒状，足趾部分略收小，左长

45.5 厘米，宽 17.5 厘米，右长 43.5 厘米，宽 17.3 厘米。左右稍有差异。质地为平纹经锦，底色为绛色，上用白、宝蓝、浅驼、浅橙色织成鸟兽云纹和"延年益寿大宜子孙"八字铭文。夏鼐先生指出，这种锦需要 75 片提花综才能织成，是当时制作工艺最复杂的一种织物。足见当时织袜技术之高超。[1]

魏晋南北朝时期，随着丝织技术的发展，袜子多用麻布、帛、熟皮制作。传说魏文帝曹丕有个美丽聪明的妃子，她觉得角袜粗拙，样子丑陋，穿着不便，就试着用稀疏而轻软的丝编织成袜子，并把袜样由三角形改成了类似现代的袜型。于是，袜子由过去的"附加式"换成了贴脚的"依附式"。当然这样的故事未必可信，但此时确实出现了丝织的袜子，叫作"罗袜"。曹植的《洛神赋》中就提到过罗袜："陵波微步，罗袜生尘。"

唐代，贵族的袜子多用锦线织成。唐冯贽《记事珠》中曾记述："杨贵妃死之日，马嵬媪得锦靿袜一只。"[2]可见杨贵妃死后，在马嵬遗落锦袜一只。

宋代出现了裤袜，从江西德安出土的南宋女裤袜来看，这种袜子一般呈圆头状，靿后开口，并钉有两根丝带，袜脚下缘缝有一周环绕的丝线，中间用丝线织成袜底。

元代，棉花被广泛运用后，袜子多用棉布制作。明代万历以来，男子开始穿油墩布袜。嘉靖年间（1522 ~ 1566 年），流行镇江毡袜。随着手工业的发展，又出现了供贵族穿用的白色羊绒袜，平民则穿旱羊绒袜。

清代，民间的袜子一般也用布制成，贵族则穿绸缎制成的袜子。故宫所藏皇帝的袜子多以金缎为边，通绣文彩。1879 年，欧洲列国将洋袜、手套及其他针织品通过上海、天津、广州等口岸传入中国内地，受此影响，沿海主要进口商埠相继办起了针织企业。自此后，袜子也多是针织产品。

---

① 参见夏鼐：《新疆新发现的古代丝织品——绮、锦和刺绣》，《考古学报》1963 年第 1 期。
② 王汝涛编校：《全唐小说》第 4 卷，山东文艺出版社 1993 年版，第 3160 页。

六、三寸金莲

在中国古代服饰文化里，滋生出一个世界上独一无二的文化现象，叫作"三寸金莲"。

"三寸金莲"是通过缠足形成的。缠足风俗在中国历史上到底起于何时已不可考，各种说法皆有其意。一说缠足始于孔夫子或秦始皇时期，因为孔子时代和秦始皇时期就把妇女的小脚定为选美的标准之一。另一种是民间说法：隋炀帝是一个荒淫无道的昏君，他去运河游玩，不想用男丁，而改用百名美女为他拉纤，一位铁匠的女儿吴月娘被选中。吴家父女非常痛恨炀帝，准备借此机会刺杀炀帝。吴父专为女儿打制了一把长3寸（约10厘米）、宽1寸（约3厘米）的莲花瓣刀。吴月娘将刀用布裹在脚底下，同时把脚也尽量裹小，又按裹小的脚做了双鞋，在鞋底上刻上莲花，十分漂亮。炀帝见后，非常喜欢，就下旨召见吴月娘，想欣赏她的脚。吴月娘等侍臣走开，慢慢解开裹脚布，突然抽出莲花瓣刀刺向炀帝，炀帝一闪身，被刺中手臂，随即拔刀向吴月娘砍去。吴月娘自知事已败露，便投河自尽了。炀帝回宫后下了一道圣旨——"女子再美，裹足者不选"。但自此以后，民间纷纷裹起脚来，以此表达对吴月娘的怀念。

当然在众多的传说之中，大多数观点认为缠足始于南唐（937～975年）。南唐后主李煜喜欢美色及音乐，他有一位美丽善舞的嫔妃。为观看这位嫔妃婀娜的舞姿，他命人用黄金制成莲花高台，令嫔妃用帛缠足，弯曲作新月状，呈弓形，在上面跳舞，并认为这样的舞姿有凌云之状，"金莲"由此得名。其实唐代以前就以小脚为美，即所谓"足下蹑丝履，纤纤作细步"。但以前一般只言脚小不言脚弓。当李后主享受这种畸形之美时，不经意间引发了后宫的效仿之风并进而影响到民间。

到了宋代，缠足之风愈演愈烈。或者说到宋代，缠足才真正成为一种社会

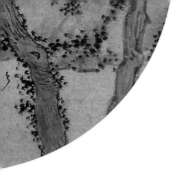

风气。一般幼女在四五岁时就会被裹脚，因为此时其骨骼较软，容易裹出弓形。裹脚时先用较长的布帛紧紧裹缠住脚上被折断的食趾、中趾、无名趾和小趾，只留下大拇趾作为缠足后的足尖，使足形呈三角形。白天由家人扶着走路，以促进血液循环，晚上再将裹脚布用线密缝。日复一日，脚趾弯曲变形，达到"小瘦尖弯香软正"的效果，最后只能靠大拇脚趾走路。

为配合裹脚的脚型，一种头部尖尖的鞋子——弓鞋也就应运而生。弓鞋，因缠足呈弓形而得名。随着女子年龄的增长和体重的增加，一双小脚很难支撑起庞大的身体。所以，与其说这是一种怪诞的审美，倒不如说是一种强加于女性的奇特酷刑。在以夫权为中心的传统社会中，这种以摧残女子为乐趣、以女子受残为审美的思想，从五代开始一直沿袭到辛亥革命，在某些地区甚至到中华人民共和国成立前夕，前后达1000多年。

宋代缠足的风行，与当时理学的兴起有关。理学家们认为，女子出了大门就是不守妇道，而小脚正适合大门不出、二门不迈的大家闺秀。在"饿死是小，失节是大"的思想影响之下，女子只要订了婚，即使是在其出阁之前未婚夫就去世了，也不能再嫁。而这样的思想成为民间裹脚的文化与心理基础。这种主流价值观又很快影响到人们的日常生活，并进而使身为弱者的女性接受裹脚的事实。

历代文人墨客的推崇使裹脚进一步变为一种时尚，甚至制造出了"金莲文化"。赵令畤在《浣溪沙》里这样描写家伎的缠足："稳小弓鞋三寸罗。"在刘过的一首词里，也出现过"亲玉罗悭，销金样窄，载不起盈盈一段春"，"忆金莲移换"，"似一钩新月"等句。这都说明当时士大夫们对"三寸金莲"的审美情趣已经形成。宋黄庭坚在《满庭芳》中写道："直待朱幡去后，从伊便窄袜弓鞋。"元郭钰也在《美人折花歌》中说："草根露湿弓鞋绣。"[1]可见，文人墨客已经将女子裹小脚、着弓鞋看作是一种应然之举。事实上，在这种社会氛围之下，社会各个阶层的女子都以小脚为美。正如

---

① （清）顾嗣立编：《元诗选初集·辛集》，中华书局1987年版，第2140页。

清人叶梦珠在《阅世编·内装》中所写："弓鞋之制,以小为贵,由来尚矣。然予所见,惟世族之女或然。其他市井仆隶,不数见其窄也。以故履惟平底,但有金绣装珠,而无高底笋履。崇祯之末,闾里小儿,亦缠纤趾,于是内家之履,半从高底。……迨(康熙)八年己酉……至今日而三家村妇女,无不高跟笋履。"

在这样的社会氛围和审美情趣下,"三寸金莲"演变出不同的形制。按式样可分为:高统金莲、低帮金莲、翘头金莲、平头金莲。按适用场合分为:皮金莲(为雨天所穿,帮底涂桐油,相当于套鞋,套在"金莲"外面,以防雨水)、寿鞋(生日做寿时所穿)、祭鞋、吉祥鞋、孝鞋(戴孝时所穿)等。按季节分为:棉金莲、夹金莲、凉鞋。按鞋饰分为:绣花金莲、素色金莲。按鞋底分为:平底金莲、弓形底金莲、高跟金莲。按款式及走路姿势分为:并蒂金莲、并头金莲、钗头金莲、单叶金莲、红菱金莲、碧台金莲、鹅头金莲、绵边金莲等。

中国土地辽阔,人口众多,各地区形成了自己的弓鞋款式。大体来看,弓鞋分南、北两大类:相对来讲,南方的"三寸金莲"较别致、细腻,绣工也较考究,以浙江的舟山、宁波、绍兴、嵊州及安徽的黟县为代表;北方的"三寸金莲"较粗犷有力,亦较大方,以北京、天津、青岛为代表。

图6-7 明代凤头石鞋(山东邹城出土)

妇女还往往在"三寸金莲"之上精巧地设计出各种图案,这些图案有花、草、果、鱼、虫、鸟、人物、龙、凤,"福""禄""寿"字,铜钱,等等。(见图6-7)金莲上的五彩图案表达了鞋主人的愿望和期盼,同时也代表着鞋主人的身份和等级。一般年轻女子着红色等色彩鲜艳的金莲,老年妇女着黑色及深色金莲。

元代,蒙古族女子并无裹脚的习俗,因此朝制对此并不看重;而且,由于缠足不利于劳作,因此汉族劳动妇女大多并不裹足。相反,随着程朱理学在汉

族上层社会影响的逐步加深，裹脚成为上层社会女子的一种时尚，并进而变成一种身份的象征。

这种情况一直延续到明代。明代政府禁止贱民缠足，以示其身份之低贱。此时，缠足竟发展成为划分阶层的一个标志。如朱元璋为惩罚张士诚的旧部，将其编为丐户，规定"男子不许读书，女子不许缠足"[1]，剥夺了这些女子缠足的权利。

妇女缠足之风，在清代尤为盛行。汉族妇女多穿弓鞋。（见图6-8）为保持满族的着装习惯，清政府禁止旗女缠足，并严厉禁止缠足女子进宫。根据《东华录》记载："有效他国衣冠束发裹足者，重治其罪。"《大清见闻录》中记载康熙三年颁布的"裹足禁令"云："元年以后所生之女，若有违法裹足者，其女父有官者，交吏兵二部处议，兵民交付刑部，责四十板，流徙。其家长不行稽查，枷一个月，责四十板。"但至清中期，汉人的缠足之风也影响到旗女，旗女们开始有了缠足的举动。

图6-8 光绪年间流行的绣花弓鞋

清代大脚女人，即所谓"天足"者，除满族外，在汉族及蒙、回、苗、黎等少数民族中仍占很大比例。但在小脚盛行之时，社会风气一直以大脚为耻，人们对小脚的崇拜也达到了狂热的程度。脚的小与大，也成了评价妇女美与丑的主要标准，甚至到了女子"大脚找不到婆家"、男子非小脚女子不娶的地步。山东地区曾有这样的童谣："缠小脚嫁秀才，白面馒头就肉菜。裹大脚嫁瞎子，糟糠饽饽就辣子。"浙江余姚也有"一个大脚嫂，抬来抬去没人要"的民谚。四川有一则民谚更为生动："做人莫做大脚婆，吃糖咽菜当马骡，家人嫌我脚儿阔，

---

① 转引自贺艳秋：《浙江妇女发展史》，杭州出版社2013年版，第127页。

丈夫叫我大脚鹅，白天不同板凳坐，夜里裹被各睡各。"① 在这样的社会氛围中，裹脚与否在某种程度上关系到了女子自身的命运。

正因为如此，尽管光绪年间在有些地方如上海等地已经成立了旨在劝解女子不要缠足的"天足会"，太平天国时期也出台了禁止缠足的禁令，极力倡导"天足"，但这些举措并没有阻挡住民间缠足的风潮，在有些地方甚至还出现了"小脚会""晾脚会"等组织。这种从宫廷传至民间的陋习，在千百年来受礼教控制的女子心中打下了深深的烙印。在历经痛苦的回忆之后，她们不知不觉形成反以陋习为荣的病态心理。

女子在裹脚的过程中承受的痛苦可以用"小脚一双，眼泪一缸"来反映。这种违反人性的陋俗，难道就无人反对吗？事实上，早在宋代，车若水就指出，妇女自幼"无罪无辜，而使之受无限之苦，缠得小来，不使何用？"② 清初，张宗法痛斥缠足之害说："今俗尚缠足，堪伤天地之本元，自害人生之德流，而后世不福不寿，皆因先天有戕。"③ 著名诗人袁枚在《随园诗话》中说："三寸弓鞋自古无，观音大士赤双跌。不知裹足从何起？起自人间贱丈夫！"痛斥裹脚起于男子的主使。

尽管有清一代曾经有过很多不满缠足恶习的议论，但是多数只限于发发牢骚，略表讽刺，最终没有产生大的正面影响。直至鸦片战争以后，情况才有了改变。先是外国传教士组织了各种"天足会"，劝诫人们不要缠足，但由于人们对教会的敌视以及对异教的戒心，几乎没人听从他们的劝诫。19世纪80年代以后，一些致力于改造国家、移风易俗的人开始了反对缠足的各种活动。1882年，康有为和他的朋友在自己的家乡广东组织了第一个由中国人自办的"不缠足会"，并

---

① 王冬芳：《明清史考异》，北京燕山出版社2010年版，第548～549页。

② （清）陈元龙：《格致镜原》卷十二《身体类二》，江苏广陵古籍刻印社1989年版，第112页。

③ （清）张宗法：《三农纪校释》，农业出版社1989年版，第707页。

率先给自己的女儿、侄女放了足。这一时期，一些开明的洋务派地方官员也把劝诫缠足当成一项重要而文明的进步事业。清政府也多次明令禁止缠足，于是许多地方组织的"不缠足会"就有了"奉旨"字样，后来逐渐形成了缠足者受罚、不缠足者获奖的局面。新式文学堂更是规定不缠足是基本的入学资格。

虽然缠足并不是一个大问题，但是它却关系到中国人的形象，因此反缠足的活动成了移风易俗、改造国家的千秋大业。五四运动以后，缠足陋习渐渐废除，妇女重新拥有了"脚的自主权"，放足可谓解除了妇女的千载之苦。

第七章
首饰与挂件

配饰特指佩戴于身体或配挂于衣服上的各类饰品，包括头饰、面饰、颈饰、耳饰、手饰、腰饰等，又可称为"首饰"。"首饰"一词，在不同的时期，含义略有不同。汉代刘熙在《释名·释首饰》中定义道，冠冕、簪钗、镜梳、镇玛、脂粉等都是首饰；宋代则将首饰限制在"头面"范围内；清代翟灏在《通俗编·服饰》中又把带钩、佩坠也都归入了首饰，进一步扩大了首饰的范围。本章所讨论的首饰和挂饰，基本囊括了除头饰之外的各种首饰。[①]

首饰的起源，最初应出于人们对自身安全的保护及对美的追求。恩格斯指出："在远古时代，人们还完全不知道自己的身体构造，并且受梦中景象影响，于是就产生一种观念：他们的思维和感觉不是他们身体的活动，而是一种独特的、寓于这个身体之中而在人死亡时就离开身体的灵魂的活动。"[②]饰物的主题主要包括昆虫、鸟类、怪兽、自然景色等，这些主题来源于自然界或神话传说中的形象，与巫术、图腾崇拜有关，具有护身符的作用。旧石器时代，石斧、骨针、贝壳刀等工具不仅能给人们带来实用的功利，而且也带来了制造的愉悦感和使用的快感，美感也就此应运而生。在当时就已经出现了耳饰、项饰、发饰、腰饰、脚饰等饰品。主要材质有玉石、蚌、竹、木、骨等，人们运用简单的钻孔技术，将造型较为简单的管、珠、冠状饰片等串缀在一起。应该说，在原始社会时期，人们虽无衣遮体，却已有"饰"庇护。

随着人类进入阶级社会后，首饰逐渐变为财富和地位的象征。金属冶炼技术的出现和进步，使首饰的材料和加工工艺也日益精良，材质渐以青铜和玉器为主，品种和类别不断增加。更为重要的是，首饰的发展见证了人类审美意识的转变和提高。

---

① "头饰"请参考第五章"发髻与头饰"。
② 《马克思恩格斯选集》第 4 卷，人民出版社 1966 年版，第 205 页。

一、面 饰

开我东阁门，坐我西阁窗。

脱我战时袍，着我旧时裳。

当窗理云鬓，对镜贴花黄。

这是北朝民歌《木兰诗》里的诗句。这里的"花黄"即一种面饰。而所谓"面饰"，顾名思义，是指面部的装饰。古代的面饰从"文身""刺刻术"发展到"颜面修饰术"，历经几十万年漫长的岁月，积累了许许多多修饰方法和经验。

关于面饰产生的原因，学界众说纷纭。主要有以下几种观点：一是"膜拜说"。古人为了保证生息繁衍，抵御灾祸，抗击侵袭，产生了对神的膜拜，遂利用"文身""文面"等方式，表达对神的敬畏。二是"保护说"。人类通过在脸部进行装饰，夸张五官造型，制造出夸张的、陌生的、恐怖的形象，以达到保护生命和保卫家族的目的。三是"美丽说"。古人通过美化面部，达到更好的美容效果。

一般而言，面饰可分为以下三种：第一种是面具，即佩戴假面具，如鬼怪、禽兽等假面具。由于这种面具多有宗教功能，不为娱乐之用，因此大多是狰狞神秘的造型，这和原始狩猎的巫术相关。第二种是画饰。画饰中有文面、刺刻和涂彩等表现形式。《礼记·王制》记载："东方曰夷，被发文身，有不火食者矣。"意思是说，东方的野蛮人披头散发，身上刻画着有色的图案花纹。当时人们竭尽全力进行与众不同的面部装饰，甚至制造伤疤、刺穿耳垂、刺破鼻膜等，这虽然是一种自残的行为，但也包含着祈求图腾保护的作用，在一定程度上还具有吸引异性的功能。第三种是在面部贴画各种饰品。这种饰品主要分为额黄、花钿、面靥和斜红四类，为女子所专用。前两种在中国古代进入文明社会之后，便较少作为装饰，更多地具有了宗教功能。因此，此处重点论及用作美容的面饰。

在中国古代，用以美容的面饰至迟可追溯到商周及秦汉时期。眉黛、胭脂、

敷粉、唇脂、花钿等，皆是妇女主要的化妆品。以下分别简要述之。

眉黛 从文献记载来看，最早的画眉材料是黛。《楚辞》《战国策》《韩非子》等书在记述妇女画眉时都提到过黛。黛也称"石黛"，是一种黑色矿物，对皮肤有染色作用。如何用黛画眉呢？汉刘熙《释名·释首饰》中说："黛，代也。灭眉毛去之，以此画代其处也。"即先将原来的淡眉刮掉，再将黛涂抹于眼眉处。女子在描画前，必须先将石黛放在石砚上磨碾，使之成为粉末，然后加水调和并涂抹。磨石黛的石砚在汉墓中多有发现，说明这种化妆品在汉代就已被使用了。

南北朝时，一种名曰"青雀头黛"的深灰色画眉材料由西域传入。隋唐时期，"螺子黛"由波斯国传入。这是一种人工合成的具有规定形状的黛块，使用时只蘸水即可，无需再进行研磨，甚为方便。（见图7-1）为将此墨与书写用墨区分开来，人们又称其为"画眉墨"。至宋代，画眉墨的使用更加广泛，制作方法也更加复杂。宋代又出现了一种用

图 7-1　唐代施眉黛的女子（新疆吐鲁番阿斯塔那 187 号墓出土《弈棋仕女图》）

烟熏的画眉材料，叫作"画眉集香圆"。据宋人陈元靓《事林广记·后集》卷十记载："真麻油一盏，多着灯心搓紧，将油盏置器水中焚之，覆以小器，令烟凝上，随得扫下。预于三日前，用脑麝别浸少油，倾入烟内和调匀，其墨可逾漆。一法旋剪麻油灯花，用尤佳。"元代制墨技术进一步提高，制墨高人也被文献记录下来。据陆友《墨史》卷上记："张遇，易水人，遇墨有题光启年者，妙不减廷珪。宫中取其墨，烧去烟，用以画眉，谓之画眉墨。蔡君谟谓世以歙州李廷圭为第一，易水张遇为第二。"元代之后，宫廷女子的画眉之黛，多选用京西门头沟区斋堂特产的眉石，至明清亦如此。民国时期，随着西洋文化的传入，女性的画眉材

料变成杆状的眉笔和经过化学调制的黑色油脂，不但使用起来更加简便，而且便于携带，一直沿用到今天。

胭脂　胭脂也称"月支""燕支"。据唐末马缟《中华古今注》卷中云，胭脂"起自纣，以红蓝花汁凝成燕脂"。但先秦古籍中从未出现过"燕支"一词。《史记·匈奴列传》里曾有过"焉支"的记录，《汉书·司马相如传》中将其写成"燕支"，《晋书·习凿齿传》作"烟肢"。此外，又有"燕脂""烟脂""赤因""赤支"等异名。从名称推断，胭脂的由来有两种可能：一说胭脂因产于燕国而得名；另一说则认为胭脂由"焉支"而来。清人王士禛《五代诗话》引《稗史汇编》曰："北方有焉支山，上多红蓝，北人采其花染绯，取其英，鲜者作胭脂，妇人妆时用此颜色，殊鲜明可爱。"这一说法未必可信，因此胭脂的来源至今不明。

唐代妇女多使用胭脂，诗人们对它的吟咏亦不在少数。如：李贺《贺复继四首》中有"胭脂拂紫绵"的描写；岑参《敦煌太守后庭歌》诗中则赞美女子的妆容"美人红妆色正鲜，侧垂高髻插金钿"；敦煌曲子词《柳青娘·碧罗冠子》中亦云"故作胭脂轻轻染，淡施檀色注歌唇"；等等。

胭脂的原料实际上是一种名叫"红蓝"的花朵，其花瓣中含有红、黄两种色素，花开之时整朵摘下，放入石钵中反复杵槌，淘去黄汁后，即成鲜艳的红色染料。加工成胭脂的形式有两种：一种是以丝绵蘸红蓝花汁制成，名为"绵燕支"；另一种是加工成小而薄的花片，名叫"金花燕支"。这两种燕支都可经过阴干处理，成为一种稠密润滑的脂膏。由此，燕支被写成"姻脂"。除红蓝花外，制作胭脂的原料还有重绛、石榴、山花及苏方木等。据《博物志》记载："汉张骞出使西域，得涂林安石国榴种以归。"[1]汉时是否已开始使用石榴花汁作胭脂并不明确，但至唐代已相当普及。如唐人段公路《北户录》云："石榴花堪作烟支。代国长公主，睿宗女也，少尝作烟支，弃籽于阶，后乃丛生成树，花实敷芬。"

---

① 转引自（明）李时珍：《本草纲目类编》，辽宁科学技术出版社 2015 年版，第 463 页。

　　一般胭脂多用于涂抹脸颊，绘成蛋形。图 7-1、图 7-2 中的女子，就在脸颊上涂抹了鲜红的胭脂，甚是美丽。

　　妆粉　中国古代妆粉有两种成分：一种是以米粉研碎而成的，古"粉"字从米从分；一种是将白铅化成糊状的面脂，俗称"铅粉"。这两种米粉都用以敷面，使皮肤保持光洁嫩白。

　　关于米粉的制作方法，北魏贾思勰《齐民要术》中有详细的记载：首先以一个圆形粉钵盛以米汁，使其沉淀，制成一种洁白粉腻的"粉英"；然后放于太阳下曝晒，晒干后的粉末即可用来妆面。由于米粉制作方法简单，在民间广泛流传。至唐宋时期，人们又在米粉中加入栗子粉及各种香料，来增加米粉的黏性和味道。

　　相较于米粉，铅粉的美白力和持久性更强。铅粉中包含了铅、锡、铝、锌等各种化学元素，美白性极强。正因为铅粉能使人容貌增辉生色，故又名"铅华"。铅粉的来历并不明确，但秦汉之际，道家炼丹术盛行，随着冶炼技术的提高，铅粉的发明具备了技术上的条件，并可能作为化妆品流行开来。汉代张衡《定情赋》中曾有"思在面而为铅华兮，患离神而无光"的诗句，可见当时应该已经流行铅粉了。后世也常用"洗尽铅华"来说明风尘女子从良、不再重蹈覆辙的决心。由于那时的风尘女子要抛头露面接见客人，因此每天化妆，"铅华"也就用来代指风月女子。

　　铅粉的主要成分为碳酸铅，形态有固体及糊状两种。固体铅粉常被加工成瓦当形或银锭形，因此被称为"瓦粉"或"定（锭）粉"；糊状铅粉则俗称"胡（糊）粉"或"水粉"。在这里，"胡"不是指胡人，而是形容粉的状态。汉代刘熙《释名·释首饰》中曾解释过："胡粉，胡，糊也，脂和之如糊，以涂面也。"汉代以前，铅粉没有经过脱水处理，所以多呈糊状。自汉以后，铅粉多被吸干水分后制成粉末或固体形状。由于其质地细腻，色泽润白，并且易于保存，因此深受妇女的喜爱，久而久之就取代了米粉。

　　除米粉、铅粉以外，还有以细粟米研制成的"迎蝶粉""紫粉"等。宋代还出现了以石膏、滑石、蚌粉、蜡脂、壳麝、益母草为材料调和而成的"桃花粉"。明代又有用白色茉莉花仁提炼的"珍珠粉"，还有用玉簪花合成的"玉簪粉"。清代有了真正用珍珠加工的"珍珠粉"等。由于中国地大物博，各地差异大，因此不同的区域还出现了具有区域特点的妆粉，如浙江的"杭州粉"、桂林的"桂粉"、河北的"定粉"，等等。粉的种类越来越多，形状也多种多样，从考古发现的古代块状粉来看，有圆形、方形、四边形、八角形和葵瓣形等，粉饼上还印有梅花、兰花、荷花等纹样。

　　唇脂　古代女子化妆用的口红叫作"口脂"或"唇脂"。唇脂形成于何时，史书并无明确记载。汉刘熙《释名·释首饰》中曾提到过唇脂，说"唇脂，以丹作之，像唇赤也"。这里的"丹"是指红色的矿物颜料朱砂。湖南长沙等地西汉墓葬中就发现了唇脂，出土时盛放在妆奁之中，尽管在地下埋藏了2000多年，但色泽依然艳红夺目。这说明，在汉代，妇女妆唇已经非常普遍了。

　　唇脂大都是鲜艳的朱赤色，唐宋时也流行过檀色，即肉色或裸色。口脂最初以牛髓、牛脂掺香料、朱砂制成，至唐代以蜂蜡代替了动物髓脂。到明清时期，又改为以虫白蜡揉入红花汁或银朱。历代唇脂均呈膏冻状，接近今日之唇膏，所以也称"油胭脂"。唇脂颜色有较强的覆盖力，人的唇有大小厚薄之分，一般情况下，妇女在妆粉时，常常连嘴唇一起敷成白色，然后以唇脂重新点画唇形，这样可以掩饰唇形的不足。古代点唇妆名目繁多，如"石榴娇""大红春""小红春""圣檀心""露珠儿""半边娇"[①]等。湖南长沙马王堆汉墓出土木俑的点唇形状便很像一颗倒扣的樱桃。

　　中国古代女子的嘴唇一般以娇小浓艳为美，俗称"樱桃小口"。相传唐代诗人白居易家中蓄妓，其中有两个人最合他的心意，一个名叫樊素，长相貌美，

---

①　（宋）陶谷：《清异录》卷下，惜阴轩丛书本，光绪丙申七月。

以口形出众；另一个名叫小蛮，擅长歌舞，腰肢不盈一握。白居易为她们二人写下了"樱桃樊素口，杨柳小蛮腰"[1]的风流名句，至今流传。

花钿　花钿是古时妇女的一种面妆，又称"面靥""笑靥"。（见图7-2）

湖南长沙战国楚墓出土的彩绘女俑脸上就点有梯形的三排圆点，这应是花钿的滥觞。马缟《中华古今注》卷中《花子》记："秦始皇好神仙，常令宫人梳仙髻，贴五色花子，画为云凤虎飞升。"这里的"花子"就是花钿的另一种称呼。这表明，面饰在这一时期就已经是女子饰容的一种很常见的手法了。

关于花钿的由来，多源于一些流传的故事。据宋高承《事物纪原》引《杂五行书》记载：南朝时，一日，寿阳公主正卧于含章殿檐下，梅花落其上，成五

图7-2　贴花钿的女子（新疆吐鲁番壁画墓出土）

出花，拂之不去，经三日洗之乃落。宫女奇其异，竞效之。梅花落在寿阳公主额头，像是绘在她眉间一样，精致可爱，因此称之为"梅花妆"或"寿阳妆"。这就是后世所说的花钿。

从资料来看，花钿的形状千差万别，最简单的花钿仅是一个小圆点。到唐代，除圆形外，花钿还有许多复杂多变的图案，如牛角形、扇面状、桃子样等，很多抽象图案甚至无法描述。这种花钿贴在额上，宛如一朵朵绚丽鲜艳的奇葩，把女子装扮得雍容华丽。从传世图像材料和出土文物所见，花钿有红、绿、黄三种颜色，其中以红色花钿为最多。韦庄《叹落花》诗云"西子去时遗笑靥，

---

① （宋）郭茂倩编撰，聂世美、仓阳卿校点：《乐府诗集》卷八一《近代曲辞·杨柳枝二首》引《本事诗》，第862页。

谢娥行处落金钿",描写的是金色花钿;张萱《捣练图》中仕女之花钿,则为绿色花钿(见图7-3)。

花钿的材质一般为金箔片、珍珠、鱼鳃骨、鱼鳞、茶油花饼、黑光纸、螺钿壳及云母等,当然还有一些其他特殊材料。如:五代后蜀孟昶之妃张太华《葬后见形》中有"寻思往日椒房宠,泪湿衣襟损翠钿"的诗句,这里的"翠钿"是指用翠鸟的羽毛制成的花钿;宋代陶谷所著《清异录》卷

图7-3 唐代贴花钿的女子(唐·张萱《捣练图》局部)

下则记"后唐宫人或网获蜻蜓,爱其翠薄,遂以描金笔涂翅,作小折枝花子",其说的可能是用蜻蜓翅膀制成的花钿。花钿剪成后用鱼鳔胶等粘贴在额上。

额黄 额黄也是妇女的美容妆饰,又称"鹅黄""鸦黄""约黄""贴黄""花黄"等,因以黄色颜料染画或粘贴于额间而得名,类似于花钿。历代咏额黄的诗句颇多。如南朝简文帝萧纲《美女篇》中云:"约黄能效月,裁金巧作星。"这里说的"约黄"就是指额黄的化妆方式。唐代盛行额黄,李商隐写下"寿阳公主嫁时妆,八字宫眉捧额黄"的诗句,言辞间饱含对额黄的赞美。

额黄妆饰出现的时间不详。王士禛《五代诗话·牛峤》曰:"妇人匀面,古惟施朱傅粉而已。至六朝,乃兼尚黄。"也有学者认为,额黄的出现与佛教的流行有关。南北朝时,佛教在中国进入盛期,一些妇女从涂金的佛像上受到启发,将额头涂成黄色,渐成风习。南朝宋吴曾《能改斋漫录》则记:"张芸叟《使辽录》云:'北妇以黄物涂面如金,谓之佛妆。'予按后周宣帝传位太子,自称天元皇帝,禁天下妇人不得施粉黛。自非宫人,皆黄眉墨妆,以是知北妆尚黄久矣。"可见,至少在中古时期,额黄就已经非常流行了。

妇女将额部涂黄主要有以下两种方法：第一种为染画法，即用毛笔蘸黄色染料点染在额上。染画时既可将额部全部涂抹，正所谓"满额鹅黄金缕衣"，也可以在额部涂一半，或上或下，然后以清水过渡，由深而浅，呈晕染状，"眉心浓黛直点，额角轻黄细安"正是半染画法涂抹后的状态。第二种为粘贴法。方法较为简单，即直接把黄色材料剪成薄片贴于额上，这种薄片状的饰物又被称为"花黄"，有星、月、花、鸟等形状。《木兰诗》中有"当窗理云鬓，对镜贴花黄"一句，木兰贴的"花黄"即指这种粘贴的额黄。

二、颈　饰

颈饰就是佩戴在颈间的装饰，在中国古代主要有项链、项圈等。在远古时期，我们的祖先就已经开始将贝壳、石珠、兽骨等串联起来挂在脖子上，这是先人们追求美的表现。在很长一段时间里，贝、螺的壳一直是人们制作颈饰的首选材料。这是因为，一方面，贝壳本身分量较轻，外表光洁美观，较适合制作佩饰；另一方面，贝壳也是相对较难获得的材料，人们对其十分珍视。从新石器时代开始，玉制串饰开始出现（见图7-4）。如：1966年北京门头沟东胡林村发现的距今1万年的新石器早期少女墓中，就有由50余颗匀称的穿孔石珠串成的颈

图7-4　玉项链（良渚文化遗址出土）

饰；山东宁阳大汶口遗址10号墓出土的颈饰由19件不同的绿松石组成，3号墓出土的颈饰由11件白大理石与白石英管状小珠组成；等等。这些都是早期人们追求美的最直接的证据。可见，颈饰在我国出现较早。

　　项链　古代项链的形制可分为三部分：第一部分是一条链索，以管、珠形最为常见，穿组的方法不拘一格，可以由小至大或由大至小，也可以按照一定的规律间隔穿组，且在管、珠之间夹入一些形状复杂的玉制串饰。第二部分是链索搭扣，用来连接或分开链索。第三部分是坠饰，挂在链索下部，俗称"项坠"或"胸坠"。早期的项链类似于串饰。（见图7-5）金银制项链也是在人类进入金属器时代以后才出现的。

　　中古时期，项链更加完整精美。但与前朝不同，这一时期的服饰整体受到外来因素的影响，具有很强的异域特色，项链受其影响，无论从材料还

图 7-5　西周玉项链（山西绛县出土）

是式样上来看，也都有了一些新的变化。如在西安潘家村隋李静训墓出土的金项链上，发现了刻有鹿纹的青金石。这条项链除扣饰和坠饰外，主要由28枚金球组成。每一枚金球都是由大小金圈拼焊而成的多面空心球体，金圈中镶有珍珠。这种金项链既有外来的元素，也包含着中国固有的因素。在陕西西安唐韦顼墓出土的石刻上就有这样的描述——链索以珍珠穿组而成，下系一枚牌状坠饰，坠饰上镶嵌一块方形宝石。

　　由于颈饰的装饰效果华美，因此许多贵族男女都经常用它来装饰自己，以显示高贵的身份。但项链的佩戴也有时代特征。在唐代，无论贵妇还是仕女，项链都是不可缺少的；宋明时期的妇女则喜欢在颈部佩挂念珠，戴项链者不多；清代贵妇着礼服时，按规定需戴朝珠，很少有人佩挂项链；直到民国时期，传统的服饰制度受到欧美妆饰风习的冲击，妇女颈部多佩挂金、银项链。

　　项圈　项圈也是古代常用的一种项饰，通常以金、银锤制或模压成环形，上可嵌饰珠翠宝石。项圈非女子专有，在部分少数民族地区，成年男子也佩戴这种

饰物。目前能见到的项圈实物是战国时期内蒙古伊克昭盟杭锦旗阿鲁柴登墓出土的金质项圈,项圈残长约130厘米,金条粗约0.6厘米,出土时缠绕于死者颈部两圈。

魏晋南北朝时期,北方居民也佩戴项圈。如在内蒙古达茂旗西河子古墓出土了一条金项圈,长128厘米,呈游龙状,龙嘴部衔有一个圆环,圆环用串钉钉在龙嘴上。唐代,妇女受北方少数民族妆饰习俗的影响,也有佩戴项圈的现象。周昉所绘的《簪花仕女图》中即有佩戴项圈的妇女形象。

总体来看,项圈多为少数民族佩戴,多用金银单丝圈成并随挂一些锁片、响铃之类的饰物。

璎珞 璎珞也是一种装饰性较强的颈饰品,其产生深受佛教影响。在古代印度,贵族妇人皆喜用之。据《妙法莲华经·普门品》载:"即解颈众宝珠璎珞,价值百千两而以与之。"《南史·林邑国传》载:"其王者着法服,加璎珞,如佛像之饰。"此外,璎珞还出现在经幢上平座之四周、塔上、佛道小帐上、佛前的香炉上和供品上。以上这些项目都是佛的化身与代表,因此在上面刻上璎珞表达了人们对佛的敬意。原本璎珞以线串联花朵而成,戴在头上的曰"璎",带在身上的曰"珞"。

中古时期,佛教传入中国,璎珞也随之传入。但传入中国后,璎珞改为用金银镶嵌珠宝玉石制作而成。大体上以颈饰为基础,分组下垂至胸前。所悬饰物多金玉并用,并刻琢成龙、凤、盘螭等形状,寓意为锦绣前程。

璎珞在唐代为很多妇女所喜欢佩戴(见图7-6),其后历代贵族也非常喜爱佩戴璎珞。少数民族也深受其影

图7-6 戴璎珞的女供养人(敦煌壁画)

响。契丹在建立政权前，没有戴璎珞的习俗。据《旧五代史·外国列传》记载，五代时期，太宗耶律德光派遣大使向后唐明宗"求碑石，明宗许之，赐与甚厚，并赐其母璎珞锦采"。当时璎珞并非女子的专享饰物，男子佩戴也十分常见。

三、手 饰

手饰即佩戴在手和手臂上的饰物，在古代包括戒指、义甲、镯子、臂钏等名目。

手镯 手镯又称"跳脱"。汉代繁钦《定情诗》曰："何以致契阔，绕腕双跳脱。"可见，跳脱是定情之物。又云："何以致拳拳，绾臂双金环。"南朝梁简文帝《和湘东王名士悦倾城》说："衫轻见跳脱，珠概杂青虫。"宋代计有功所著《唐诗记事》中有个故事：一天，唐文宗考问群臣："古诗里有'轻衫衬跳脱'句，你们谁知道'跳脱'是什么东西？"大家都不知道。文宗告诉他们："跳脱即今之腕钏也。"明人顾起元《客座赘语》也解释说："饰于臂曰手镯……又曰臂钗、曰臂环、曰条脱、曰条达、曰跳脱者是也。"

手镯由来已久，早在距今6000年左右的半坡遗址西夏侯新石器时代遗址中，就发现有陶环、石镯等。从出土的手镯实物材料来看，有动物的骨头、牙齿，有石头、陶器等。手镯的形状有圆管状、圆环状，也有两个半圆形环拼合而成的。手镯的产生，源于人们萌生的一种朦胧的爱美意识，更重要的是，它具有表明身份的功能，且与图腾崇拜、巫术礼仪有关。同时，也有学者认为，由于男性在经济生活中占有绝对的统治地位，因此戒指、手镯等饰物逐渐包含了一种隐喻功能，即拴住妇女，让其终生追随自己。

新石器时代的手镯已具有一定的装饰性，表面磨制光滑，且刻有一些简单的花纹。时至商周、战国，手镯的材料多为玉石，造型与色彩都有了很大的进步。汉代至南北朝时期，手镯基本由金属材料制成。

西汉以后，由于受西域文化与风俗的影响，佩戴臂环之风盛行，臂环的样

式很多，并且可以根据手臂的粗细调节环的大小。隋唐至宋代，妇女用镯子装饰手臂已很普遍，初唐画家阎立本的《步辇图》、周昉的《簪花仕女图》中，都清晰地描绘了手戴臂钏的女子形象。女子戴上手镯之后，更能衬托出手腕的纤细和手臂的修长。佩戴手镯的风俗不仅仅限于宫廷贵族，平民百姓也热衷于此。据《新唐书·崔光远传》记载，剑南节度使崔光远进军讨伐段子璋叛乱，"然不能禁士卒剽掠士女，至断腕取金者，夷杀数千人"，可见当时戴手镯的女子并非少数。唐宋以后，手镯的材料和制作工艺有了高度发展，有金银手镯、镶玉手镯、镶宝手镯等。造型有圆环型、串珠型、绞丝型、辫子型、竹子型等。到明清至民国时期，以金镶嵌宝石的手镯盛行不衰。

臂钏　传统的手镯是戴在手腕上的，当佩戴部位由手腕上移到胳膊后，就成了臂镯。臂镯又称"臂钏"。"钏"字从金从川，其中"金"字表示质料，"川"字象征着器物的形状，即将几个手镯合并在一起，称为"钏"，故也称"臂环"。《说文解字·金部》也说："钏，臂环也。"即将多个手镯按大小佩戴在一起或合并制作在一起，成为一套或一件饰物。

汉以前，臂钏和手镯统称"跳脱"，或写作"跳脱""条脱"，有的则写作"条达"，这可能是音译的关系。约在魏晋时期，才出现"臂钏"之名。南朝刘孝绰《咏姬人未肯出诗》中说："帷开见钗影，帘动闻钏声。"唐虞世南《中妇织流黄》诗云："衣香逐举袖，钏动应鸣梭。"唐代牛峤《女冠子》其二记："额黄侵腻发，臂钏透红纱。柳暗莺啼处，认郎家。"此时都称"钏"而不称"跳脱"了。

臂钏的兴起应与吊带衫、无袖衫的流行有关，因为只有露出手臂，臂钏的美才能显现出来。臂钏一般戴在前臂上。与手镯相比，臂钏的最大特点在于其开口处的设计，可以方便地变换尺寸，以适应不同的需要。另外，由于臂钏是用金属丝盘旋而成的，佩戴后会随着手臂的摆动发出轻微的声响。

从材质来看，臂钏多以金、银、铜为主，由捶扁的金银条等盘绕旋转而成，呈弹簧状，少则3圈，多则5圈、8圈，甚至10多圈不等，根据手臂至手腕的

粗细，环圈由大到小相连，两端以金银丝缠绕固定，并调节松紧。其长度可以从手腕直戴到前臂，无论从什么角度看都是数道环，可谓是中国古代最有特色的一种手上饰品。臂钏特别适合于上臂滚圆修长的女性。唐代妇女戴臂钏者尤多，这是由于唐代以胖为美的审美观点，使得唐王朝的女人们多喜佩戴臂钏来表现自己上臂的丰满浑圆。

戒指　戒指在古代称"约指"。如东汉时期的《胡俗传》说："始结婚姻，相然许，便下金同心指环。"①

关于戒指的来历，说法不一。有起源于原始社会的"抢婚说"。此说认为，在母系社会过渡到父系社会的过程中形成了抢婚习俗，男子抢来新妇后，为防止其跑掉，就给她戴上枷锁。后经过演变，枷锁变成了订婚、结婚戒指。男子给女子戴戒指就表示她已归他所有。另一说是"崇拜说"。这种观点认为，戒指源自古代的太阳崇拜。古代戒指是将玉石制成环状，像太阳神一样，给人以温暖，庇护着人类的幸福和平安。举行婚礼时，新郎戴金戒指，象征着火红的太阳；新娘戴银戒指，象征着皎洁的月亮。还有一说认为，戒指的产生与帝王宫妃制度有关。唐宋以后的史料笔记小说对此有细致的描述："妃嫔若不净身和怀孕后，尝将指环戴左手免'御幸'，若饰于右手，'亲宠'佳期也。"② 除此之外，戒指还可当作订婚的信物。至明代，时人都邛在《三余赘笔·戒指》中记曰："今世俗用金银为环，置于妇人指间，谓之戒指。"此时指环已经改名为"戒指"。从字面来看，"戒"字本身含有禁戒之意。可见，这一时期妇女佩戴指环，并非为了炫美，而是以示谨慎，起着禁戒的作用。但学者黄正建在《唐代的戒指》一文中认为，在中国古代戒指并无明显的与婚姻相关联的特征。③ 从考古发现与文

① （宋）李昉等撰：《太平御览》卷七一八"指环"条引，中华书局 1960 年版，第 3184 页。

② 转引自周耀明：《汉族民间交际风俗》，广西教育出版社 1994 年版，第 10 页。

③ 参见北京大学考古文博院、大阪经济法科大学编：《7～8 世纪东亚地区历史与考古国际学术讨论会论文集》，科学出版社 2001 年版，第 118 页。

献记载来看，戒指尽管存在，但是人们很少佩戴，在社会上并不流行，而多是上层社会的装饰品，带有浓郁的少数民族或外来民族色彩。

戒指的材质不一，早在 5000 多年前的新石器时代，就有骨戒指、玉戒指、石戒指等，其中骨制的最多。其原因可能是当时戒指太小，挖孔不易，人们就利用兽骨有骨腔这一天然的特性，截下一小段后加以修饰而制成戒指。商周以后，又出现了铜戒指、铁戒指等。其后，金、银、玉制的戒指最为流行。

从考古挖掘出土的戒指来看，戒指的流行与西方的文化传入也有一定关系。南京象山东晋大族王氏 7 号墓中，出土了一枚镶金刚石的银指环。中国当时并不产金刚石，这枚指环应是从西方传入的。河北赞皇东魏李希宗墓出土了一枚镶有雕刻鹿纹之青金石的金指环，当时青金石是阿富汗一带的特产，其鹿纹的构图也与中国的风格不同，故亦应为西方传入之物。

义甲　所谓义甲，即假指甲或指甲套，人们为保护留长的指甲而发明。清人顾张思《土风录》"银指甲"条引临淮《新语》记："义甲，护指物也。或以银为之。"在中国传统文化中，纤纤玉指一直是一个重要的审美意象。《诗经·卫风·硕人》中描写的"手如柔荑，肤如凝脂。领如蝤蛴，齿如瓠犀。螓首蛾眉。巧笑倩兮，美目盼兮"便是经典的古代美女形象。而由历代文人骚客创作的"纤纤擢素手""指如削葱根"等描写女性手指之美的诗句更是数不胜数。正因为如此，古代女性对自己的手呵护有加，且蓄甲或者加义甲以增加其美感。

义甲的形制与指甲略似，一端为平口，套入指头，另一端逐渐细扁，通体细长。义甲最初用竹管、芦苇秆等削制而成，后发展成用金、银、宝石来制造。女子也有以这种义甲来弹奏乐器的。如《梁书·羊侃传》载："有弹筝人陆太喜，着鹿角爪长七寸。"这种义甲是用鹿角琢成的，也称"鹿角爪"。还有被称为"银甲"的义甲，即银制的义甲，也称"银指甲"，是历代义甲中最为常见的一种。元代柯九思《苏文忠无际乌云卷》诗云："绿窗度曲初含笑，银甲弹筝不露尖。"直到清代及民国初期，义甲仍为广大妇女所崇尚。如民国天笑《六十年来妆服志》

所记："以前女子每留长指甲，以为美观，长者有至三四寸者。"①

　　义甲最早形成于何时，虽然史籍阙载，但从出土实物来看，战国时期已有此物。1979 年初，内蒙古准格尔旗的一座古墓中出土了一件金质指套。金器外形不规则，一端较粗，另一端略细，全长 6.5 厘米。出土于吉林榆树大坡老河深地区的一对汉代护指，乃用一块极薄的金片按指甲的长短剪制成一个类似指甲的甲片。在甲片的尾部，又留出一狭条状金片，并将其弯曲成螺旋形。佩戴时可根据手指的粗细任意调节。陕西西安隋墓出土的护指，多以白银为材料。清代义甲传世颇多，绝大多数以金、银制成，造型、结构也日益复杂。

四、耳　饰

　　耳饰即耳部装饰。古代耳饰中最早出现的是"充耳"，又叫"耳"，也叫"瑱"，是挂在冠冕两旁的饰物，下垂及耳，可以塞耳避听。《诗经·卫风·淇奥》中说："有匪君子，充耳琇莹。"毛传："充耳谓之瑱；琇莹，美石也。天子玉瑱，诸侯以石。"王夫之《诗经稗疏》中说："充耳者，瑱也，冕之饰也。"《诗经·鄘风·君子偕老》中说"玼兮玼兮，其之翟也。鬒发如云，不屑髢也。玉之瑱也，象之揥也"，玉制的充耳再配上"鬒发如云"，生动地刻画出卫夫人宣姜之美。充耳还有告诫佩戴者自重自律的含义，提醒人们要有所闻、有所不闻，言行举止要谨慎稳重。

　　后来根据形制差异，耳饰又发展为耳环、耳坠、耳钉、耳珰等。耳环是指环形耳饰，环身有缺口以便固定在耳垂上；耳坠是在耳环的基础上形成的，即在圆环上悬挂一个或多个坠子而成；耳钉则以前、后固定的方式佩戴于耳部，前端紧附在耳垂上以作装饰，体积较小，面积不超过耳垂；耳珰通常以玻璃、琉璃等晶莹剔透的材料为之，作圆柱体，中心穿孔，两端或一端较为宽大，呈

---

　　① 周松芳：《民国衣裳：旧制度与新时尚》，南方日报出版社 2014.年版，第 68 页。

喇叭口，中部有明显的收腰。

关于耳饰的产生，主要有两种说法：一种是美观说；另一种说法认为，耳饰是作为一种刑具出现的。如陈登原在《国史旧闻》一书中写道："穿耳一事，亦为古时边裔之俗。其起因，当为俘到女子，恐其逃逸，故穿其耳，以便拘管，似与掠夺婚姻有关。"[①]不管哪种说法，从审美的角度来看，耳饰的存在在一定程度上不仅能增加衣服的美感，而且能装饰脸部轮廓。耳饰产生时间较早，早在原始社会的新石器时代，就已经出现了简单的耳饰。最早的耳饰称为"玉玦"，多为有缺口的玉制圆环。春秋战国时期流行的玉玦中，有的呈圆形，缺口、素面无纹；有的雕琢成纹饰；有的呈柱状，缺口。

耳环　北京郊区刘家河出土的文物中就曾发现公元前 14 ～前 13 世纪的金质耳环，其时代大概相当于商代晚期。秦汉时期的耳饰最大的特点就是金属工艺技术突出。魏晋南北朝时期，妇女耳环多缀以圆形珠饰。而唐宋以来，妇女们更喜欢佩戴金耳环。1972 年，在江西彭泽湖西村北宋易氏墓中出土了一对浮雕纹金耳环，环下连接月牙形装饰，上有浮雕菊花纹，以菊花为中心，枝叶向左、右两个方向铺展，工艺精美。（见图 7-7）

明代，妇女流行戴一种葫芦形耳环，形制为两颗大小不等的玉珠穿挂于一根弯曲成钩状的金

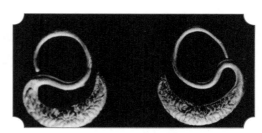

图 7-7　浮雕纹金耳环（江西彭泽湖西村北宋墓出土）

丝上，小玉珠在上，大玉珠在下，形似葫芦。此类耳环在全国各地均有实物出土。

清代满族女子的耳饰最初多为金环，上无饰，《孝庄文皇后常服像》中其耳畔所戴便是三个金环。皇太极天聪年间（1627 ～ 1635 年），耳饰开始由金

① 陈登原：《国史旧闻》第 2 分册，中华书局 2000 年版，第 146 ～ 147 页。

质无饰变为嵌珠为饰，出现了东珠耳坠、珍珠耳坠，后渐为定制。《八旗通志》里多处提及顺治初年规定贵族女性耳坠之东珠限重五分等。清代满族妇女还有一耳戴三件耳饰的习俗，其中有环形穿耳洞式的耳环，有流苏耳坠，还有无流苏的耳环。故宫博物院保藏的清代耳饰，多材质高贵，色彩华美，形式多样，既体现了珠玉本身的自然美，也显示了工匠高超的制作技巧。比如，有的耳环就是将珠、翠、珊瑚等组合成"万""寿"字及方胜等图样，以表达美好的寓意。古代耳环的材质除金、银、玉之外，还有铜质（见图 7-8）和木质。如晋代常

图7-8 铜质耳环（河北蔚县出土）

璩的《华阳国志·南中志》中就有关于木耳环的记述："夷人大种曰昆，小种曰叟，皆曲头木耳环。"

戴耳环并非女性的专利，游牧民族的男子，如先秦时期的匈奴、鲜卑及后来的契丹族、蒙古族等，基本都有戴耳饰的习俗。宋丘浚在《赠羊太守》一诗中就说："碧睛蛮婢头蒙布，黑面胡儿耳带环。"清代皇帝也曾有戴耳环的图片留传于世。如宫廷画家所绘诸多《雍正帝行乐图》中，就有几张雍正的满装造型，其耳边便戴有大大的金环。

我国西南少数民族也普遍佩戴大耳环，比如阿昌族妇女喜爱戴直径约 8 厘米的大耳环。海南岛黎族妇女所戴的耳环直径可达 18 厘米多，有的妇女甚至还在两耳戴上大小不等的 10 多个耳环，既彰显美丽，又象征富贵。有些民族戴耳环还有其他的意义，如瑶族男子佩戴耳环是已婚的标志。

耳坠　耳坠也称"坠子"，指耳朵上的坠饰物，即耳环上垂挂的饰品。耳坠大约在东晋六朝时传入中原，目前可见的耳坠实物，以发现于河北定县华塔废址北魏石函中的一对金耳坠为最早。先在耳环上部挂 5 个用细金丝编成的圆柱，圆柱上再挂 5 个小金珠及 5 个贴石的圆金片；下部为 6 根链索，垂有 6 个尖锤

体，可以摇动。唐代妇女几乎都不戴耳坠，穿耳在唐代并不流行。宋代耳饰造型和纹样的仿生性是其较为明显的设计特点。仿生的对象主要为生活中常见的小物小景，如石榴、甜瓜、茄子等。如浙江湖州三天门南宋墓出土的金镶水晶耳环，上部为金瓜叶和瓜蔓，下部即为水晶材质的甜瓜，造型精巧，栩栩如生；江西南城齐城岗宋墓出土的耳饰为仿石榴的造型。明代妇女既戴耳环，也戴耳坠。《天水冰山录》中就记载有多种耳坠，如"金折丝灯笼耳坠""金镶猫睛耳坠""金宝琵琶耳坠"等[1]。明代的耳坠实物，以北京定陵明神宗孝端、孝靖二皇后墓所出土者最为精美。其中有一件玉兔耳坠，在金丝大圆环下缀以一只站立的玉兔，玉兔前肢持杵，作捣药状，脚下还衬托着一片以金镶宝石制成的朵云。

古代耳坠的质料多以金、银、玉石为主，也有其他材质，如1960年在江苏无锡元墓中就出土了一副琥珀耳坠：两颗透明的橘黄色琥珀形如葡萄，托镶着银叶纹饰。

清代无论满族、汉族，妇女都普遍佩戴耳坠。富贵之家的女子会拥有几副或十几副耳坠。佩戴耳坠的样式和颜色视季节、场合而定。为求方便，佩戴者一般无须取下耳环，只要更换底下的坠饰即可。这一时期的坠饰被做成各种有趣的形状，有胡桃打磨后制作的，有用金做成凤凰鸟笼形的，等等。李渔在《闲情偶寄·声容部》里将耳饰中小巧简洁的耳环称为"丁香"，将繁复华丽的耳坠称为"络索"。他说，女子"一簪一珥，便可相伴一生"。可见在清代，耳饰在女性装饰品中占有重要的地位。

耳珰　耳珰本是南方少数民族的饰品，在汉代被广泛佩戴。汉代刘熙《释名·释首饰》记："穿耳施珠曰珰。此本出于蛮夷所为也，蛮夷妇女轻淫好走，故以此琅珰锤之也，今中国人效之耳。"女子戴耳珰必须要穿大的耳孔，才能把耳珰戴上去。一般珰呈腰鼓形，一端较粗，且常凸起呈半球状，戴的时候以细

的一端塞入耳垂的穿孔中。

古代制作耳铛的材质十分丰富，有玉、玛瑙、水晶、琥珀、大理石、金、银、铜、琉璃、骨、象牙、木等。值得一提的是，在汉代有一种琉璃质的耳铛，不但透明晶莹如同月光，而且色彩缤纷，深为妇女们所喜爱。《汉书·西域传》说，琉璃"采泽光润，逾于众玉"。这种甚至可以超过玉器的饰物，时常被文人们拿来当作吟咏的对象，如汉代诗歌《孔雀东南飞》中就有"腰若流纨素，耳着明月珰"的描写。汉代保留下来的耳铛为数众多。如 1975 湖南汉代考古中，仅长沙一地，就有数十座汉墓出土了各种类型精美的琉璃耳铛。另外，广西、广东、四川、贵州、陕西、山西、甘肃、宁夏、内蒙古、河北、辽宁等地的汉墓中也都有发现。

由于耳铛开洞过大，后世汉族妇女很少有人佩戴，而少数民族地区的妇女依然继承此风俗，佩戴者居多。

五、腰　饰

腰饰指佩戴于腰间的带子及饰品。腰部处于人体上肢与下肢的交合处，无论袍式服装还是衣裤、衣裙等短装，都要用各种带子在此缠束、系结。另外，由于腰带所处的特殊位置，人们又往往把它作为一种工具，在上面掖挂各种生产、生活物品，因此，腰带本身就成了既实用又有装饰意义的服饰佩物。腰饰种类非常丰富，主要包括腰带、玉佩、带钩、带环、带板及其他腰间携挂物，材料一般以贵金属镶宝石或玉石为多。

腰带　《说文解字·巾部》记："带，绅也。男子鞶（盘）带，妇人带丝。"又云："绅，大带也。""鞶带"即革带。《周礼·春官·巾车》"樊缨"孙诒让按："人服有二带，大带谓之绅，革带谓之鞶。通言之革带亦或谓之大带。"综合来看，大带用以束衣，革带用以佩物，革带不直接系在身上而是系到大带上。后来凡狭长的织物及用以系缚之物，统称"带"。《礼记·玉藻》："凡带必有佩玉。"《论语·卫灵公》："子

张书诸绅。"邢丙疏:"以带束腰,垂其余以为饰,谓之绅。"古人常说"搢绅"(又作"缙绅"。"搢"和"缙"都是"插"的意思),即把上朝所执的手板(笏)插在带间。《晋书·舆服志》:"所谓搢绅之士者,搢笏而垂绅带也。"

腰带一般以韦(熟皮)、索(麻绳)、布帛、丝绸、金、银、玉、翡翠、犀等制成,束于腰间,悬挂各种佩饰。腰带在不同的时代有不同的名称,功能也有差异。

绶带 绶带是各类冕服上束在腰间或垂佩的革带,是人们身份、地位的象征。汉代还出现了佩绶制度。绶,又称"印绶",指官印上的绦带,是区分官阶的重要标志。汉制规定,官员平时在外,必须将官印装在腰间鞶囊里,将绶带垂在外边。为此这种绶带在尺寸、颜色和织法上都有明显的差别,让人一看便知佩绶人的身份。还有一种腰带称"大绶带",指用四彩(四种颜色)或一彩的丝绦编成一丈(约合 3.3 米)到两丈(约合 6.6 米)多长的带片样的一种饰物。帝王、百官穿礼服,均佩大绶带,垂于身后。皇帝、高级官员还有"双小绶",佩于左右腰下,和"双印"同系于革带上。垂挂时要折叠起来。其颜色和长度随品级的高低而不同:皇帝和诸王用四彩,长二丈一尺(约合 7 米);宰相绿色,公侯、将军紫色。其他还有青、黑、黄等各种颜色。双小绶的颜色随大绶,长为三尺二寸(约合 1.6 米),垂挂在腰的两旁,故又称"旁绶"。

大带 大带为公服所佩的一种带具,也是区别官职的重要标志之一。上古时代,诸侯和士大夫都用素丝带,士则用练(煮过的较洁白的丝)并饰以黑边。后世的大带皆用素丝,颜色有变化。晋代冕服上的大带是白面朱里,两侧则一加朱、一加绿作为修饰。南朝时的大带于腰间用朱,垂下的部分则用绿。唐代以来,大带制度在饰物的数量和材质上都有明确规定。历代的大带大同小异,都以玉带为最高,因此加工也最精细。如《宋史·舆服志》记载:"带。古惟用革,自曹魏而下,始有金、银、铜之饰。宋制尤详,有玉、有金、有银、有犀,其下铜、铁、角、石、墨玉之类,各有等差。"明代的玉带一般用革为之,外裹青绫,上缀犀玉石等,后面连缀七方片。带宽而圆,束时不着腰,在圆领两胁下,

各有细纽贯带于中间且悬挂之，不像唐宋时的带束着腰。

元代蒙古族人的服饰是很独特的。男子一般头戴大檐帽，身穿窄袖长袍，腰系革带、金带或玉带，喜欢用美玉制作帽顶、带钩和绦环，而蒙古贵族们则多用玉带与金带。无论贵族还是平民，男子们都十分注重腰带的装饰。如在河南焦作冯村元墓出土的戏曲陶俑，身着典型的蒙古衣饰，腰间系着带有装饰的腰带。

清代，腰带种类更多，有朝服带、吉服带、常服带、行带等，除朝服带在版饰上及版形的方圆上有定制外，其余三种带的版饰随所宜而定。带本身皆用丝织，上嵌各种宝石，有带环和带扣。带环用以系带汗巾、刀、香包等物，带扣都用金、银、铜制作，较讲究的则用玉、翡翠等。妇女腰带大多束之于衣内，用丝编鞭而下垂流苏，后又采用阔而长的绸带。男子多以白色或蓝色腰带束腰，带长以在结成束后下垂与袍齐为佳。

革带　革带无论丝质还是皮质都没有搭扣，互相系结即可。大约在春秋时期，革带的两端开始出现互相钩搭的部件。这种部件大体分为两种：一种是钩状，一种是环状。三国以后，革带用环者逐渐增多，最后完全取代了带钩。从文献记载和出土实物来看，这种革带又叫"钩络"。带上除装有金属搭扣外，有时还附有一种金属饰牌，上铸镂空纹样，常见的是动物纹和几何纹。

带钩　带钩是贵族和文人、武士所系腰带的挂钩，古又称"犀比"，多用青铜铸造，也有用金、银、铁、玉等制成者。带钩原为"胡服"所用，春秋战国时期各族间交往频繁，带钩也由鲜卑族传入中原。带钩在战国至秦汉期间广为流行，魏晋南北朝时逐渐消失，被带扣取代。带钩主要用于钩系束腰的革带，由钩首、钩身和钩钮三部分组成，其器型多为长条形、琵琶形，长度一般在 4～8 厘米。钩首一般高昂，常见有龙首、兽首、鸟首等。带钩多为男性使用，既是日常所需，也是身份地位的象征。

西汉时期是古玉带钩发展的鼎盛期。玉带钩不仅选料讲究，而且刀法简练，

质量上乘，数量也较多。这一时期，玉带钩琢磨细致，通体光素无纹，钩首较之战国多数大且长，以龙首和禽首为主，钩面开始出现浅浮雕蟠螭、凤鸟等纹饰。魏晋南北朝时期是古玉带钩逐渐衰落的阶段，数量锐减。从出土的实物带钩来看，带钩钩首较小，腹较宽，呈琵琶形，式样较美观。元明清时期，玉带钩的制作开始回升，出土和传世带钩的数量很多，并且造型都很优美，技艺也较高超。但这一时期玉带钩的功能已经由实用性逐步转向玩赏性，造型一般有浮雕或立雕花草、动物，钩首多为龙头形，以龙螭纹相组合的龙带钩最为精美。

　　带扣　带扣首先形成于古代北方少数民族地区。战国时期赵武灵王推行的服制改革，给汉族服饰带来很大的冲击，胡人所使用的带扣也在这一时期传入。在腰带处增加若干小环和带钩，再在环中装置可以活动的扣针，以钩贯带头，并将随身携带物挂在上面，这便是带扣。从西汉中期开始，带扣在中原及南方地区开始普及，并且逐渐取代了带钩。这一时期，带扣还只限于佩带刀剑。至两晋时，带扣的使用逐渐形成一套完整的制度，不同阶层的人士所用带扣的规格和质料有很大的差异。在南北朝时期，带扣不仅用于腰中束带，还常常用于武士披甲挂铠。东汉晚期及西晋墓葬挖掘中发现了大量带扣。这说明，这一时期带扣被广泛应用。唐代，带扣得到充分发展。《新唐书·车服志》将带扣分为几等，三品以上服用金玉，以下分金、银、石、铜、铁几类，铜、铁带扣为流外官员和庶人所用。

　　带銙　带銙即附于腰带上的饰板，用金、银、犀、铜、玉等制成。汉代始，带銙成为腰带上的主要装饰部件之一。至唐代，又开创了按官级高低佩带玉带銙的先河，玉带銙更为兴盛。据《新唐书·车服志》记载："紫为三品之服，金玉带銙十三；绯为四品之服，金带銙十一；浅绯为五品之服，金带銙十；深绿为六品之服，浅绿为七品之服，皆银带銙九；深青为八品之服，浅青为九品之服，皆输石带銙八。"唐代玉带銙制度的建立完全符合并突显了封建社会的等级制度与权力观念，因此具有旺盛的生命力并为后世各代所延续。不少文人也曾对其

进行过吟咏，如唐白居易《和春深》其四："通犀排带胯，瑞鹘勘袍花。"再如宋沈括在《梦溪笔谈》中说："带衣所垂蹀躞，盖欲佩带弓剑、帉帨、算囊、刀砺之类，自后虽去蹀躞而犹存其环，环所以衔蹀躞，如马之鞦根，即今之带銙也。"宋元时期，装饰着水果形带銙的腰带彰显出超凡的制作技艺。明清两朝官仪中也一直沿用玉带銙制度。

　　玉佩　玉佩属于早期的腰饰，其历史几乎贯穿整个中国古代文明史。《礼记·玉藻》："古之君子必佩玉……左结佩，右设佩；居则设佩，朝则结佩。齐则绩结佩而爵韠。""凡带必有佩玉，唯丧否。佩玉有冲牙。君子无故玉不去身，君子于玉比德焉。天子佩白玉而玄组绶，公侯佩山玄玉而朱组绶，大夫佩水苍玉而纯组绶，世子佩瑜玉而綦织绶，士佩瓀玟而缊组绶。孔子佩象环五寸而綦组绶。"可见，戴玉佩既是一种习惯，也是一种制度，更是一种文化。西汉武帝时期，学者董仲舒提出了"罢黜百家，独尊儒术"的理论，被统治者所采纳，儒家思想成为其后历朝历代的主流意识形态，于是儒家所提倡的"君子比德于玉"的用玉观，一直影响着整个中国封建社会。所以，玉佩是古代达官贵人必佩之物。

　　战国秦汉时期，玉佩繁缛华丽，有的由数十个小玉佩组成，如玉璜、玉璧、玉珩等用丝线串联结成一组杂佩，用以突出佩戴者的华贵与威严。东汉时又恢复了曾一度被废弃的"大佩制度"，即祭祀大典时必须佩戴各种玉饰合成的组佩。在这些组佩中，以前的璧、瑗、环、冲牙等玉佩饰仍占有主要地位，并且制作更加精美别致。魏晋以后，男子佩戴杂佩的渐少，以后各朝都只是佩戴简单的玉佩。

　　女子在很长一段时期里依然佩戴杂佩，因其通常系在衣带上，走起路来环佩叮当，悦耳动听，因此就以"环佩"指代女性。环佩在样式和佩戴方式上是不断变化的。对此清代学者叶梦珠解释说："环佩，以金丝结成花珠，间以珠玉、宝石、钟铃，贯串成列，施于当胸。便用则在宫装之下，命服则在霞帔之间，

俗名坠胸，与耳上金环，向惟礼服用之，于今亦然。"①

中国传统腰饰亦非官制所独享，各少数民族也有仪态万千的腰饰，且材质各不相同。最早常用藤条、树枝、草绳、兽皮等来束腰。伴随着纺织材料及技术的发展，腰带的长短、宽窄、繁简方面有了很大的变化，如有的腰带宽达尺余，长仅可围腰一圈；有的腰带宽仅寸余，长可绕腰数圈。在质料、制作工艺等方面也有了明显的进步。如有的腰带挑花刺绣，工艺烦琐，并有带扣、环、流苏等各种饰物。在系结方式上，有的交叉系结于前，有的则在左、右及背部搭口。同时，腰带的颜色、图案也有很大的差别。

在少数民族的文化中，腰带还有丰富的民俗内涵。如在彝族风俗中，腰带寄托着爱情。当姑娘爱上某个小伙子后，就会亲手制作一条腰带送给小伙子，作为定情之物。男子犯罪或直系尊亲死亡，就会将腰带卸下，以示尊重。

① （清）叶梦珠著，来新夏点校：《阅世编》卷八"内服"，中华书局 2007 年版，第 205 页。

第八章
中国传统服饰
的文化特色

华夏衣裳有着5000余年的文明史，而"衣冠王国"的原始记忆多无金石之固的确凿证明，但正如清人李渔在《闲情偶寄·声容部》中所说的那样，"孰知衣衫之附于人身，亦犹人身之附于其地。人与地习，久始相安，以极奢极美之服，而骤加俭朴之躯，则衣衫亦类生人，常有不服水土之患。宽者似窄，短者疑长，手欲出而袖使之藏，项宜伸而领为之曲，物不随人指使，遂如桎梏其身。'沐猴而冠'为人指笑者，非沐猴不可着冠，以其着之不惯，头与冠不相称也"。正是在经济发展、文化沿承、审美变化的过程中，人们对改善生活、美化生活的要求也随之而改变，呈现出时代的特征。也正因为如此，服饰经历了简单、复杂及继承、创新的循环过程。服饰的审美也在简朴、奢华的转换中，演绎出千姿百态的时尚风貌。

人们的着装取决于实用和审美等因素。衣服的护体、遮羞以及标识作用等都是实用的反映，而实用本身也促进了人们的着装方式的不断完善。当然，立足于长时段来看，中国传统服饰的发展与变化也是社会发展的一部分，是政治变革、文化进步、民族融合的缩影。中国传统服装大致经历了四次大的变革：战国时期赵武灵王的"胡服骑射"是中原服饰积极学习外来民族服饰的首次尝试；第二次变革发生在魏晋隋唐时期，随着文化的南北交融与中西交流，汉服中的民族元素大大增强；第三次变革始于1644年，清初统治者的剃发易装令，对汉民族的传统服饰是一次极大的打击；第四次变革发生在民国时期，"剪辫易服，西服东渐"是这一时期的特征，汉装、满装、西装搭配同时存在，是中国服装史上最异彩纷呈的时期。

服饰是一个民族文明绵延的缩影。对人们而言，在一定程度上，服饰的观念意义远远大于它的实际功能。服饰中蕴含着古人的审美观念和思想内涵，根植于特定时代与文化背景下的服饰，也因此具有了深深的烙印。

一、传统服饰与社会身份

服饰既是一个社会物质水平和精神风尚的载体，也是一个人社会身份的外在表现。在强调伦理纲常的传统社会中，服饰更是被当作分贵贱、别等级的工具。服饰制度将礼仪、官制结合在一起，作为一种符号体现着礼仪之差序、社会之秩序。《易经·系辞》称："黄帝尧舜垂衣裳而天下治。"意思是说，尊卑等级按衣冠服饰作出区别之后，人们各安其分，天下才能太平。到了周代，已经产生了比较完整的衣冠制度，上至天子，下至各级诸侯、卿大夫、士，都有与之相应的服饰规定。周代还专门设立了"司服"一职，专管服饰规范；另设"染人"一职，安排各级官位的服饰色别。

西汉以来，儒家所倡导的礼制更是直接影响了几千年来国人的服饰观念和风格。正如董仲舒在《春秋繁露·度制》中所说："凡衣裳之生也，为盖形暖身也。然而染五彩，饰文章者，非以为益肌肤血气之情也，将以贵贵尊贤，而明别上下之伦，使教亟行，使化易成，为治为之也。若去其度制，使人人从其欲，快其意，以逐无穷，是大乱人伦，而靡斯财用也，失文采所逐生之意矣。上下之伦不别，其势不能相治，故苦乱也。嗜欲之物无限，其势不能相足，故苦贫也。今欲以乱为治，以贫为富，非反之制度不可。古者天子衣文，诸侯不以燕，大夫衣禒，士不以燕，庶人衣缦，此其大略也。"在董仲舒的这段叙说中，服饰已经成为体现人们身份的一种符号。

其后服饰"昭名分，辨等威"[①]的功能更加明显，关于服饰的各种规制也更加细致，几乎贯穿了中国传统封建社会的始终。至魏晋时期，衣冠制度日臻完善。

---

① （清）纪昀：《四库全书·史部·政书类·仪制之属》，台湾商务印书馆1986年版，第56页。

皇帝在不同场合需穿着不同款式和颜色的服饰，如"衣皂上绛下""衣画而裳绣"①；皇后则"皆以蚕衣为朝服"②；王公贵族"服无定色，冠黑帽，缀紫摽，摽以缯为之"③；八品以下官员不得着罗、绒、绮等高级织物。唐高祖李渊于武德四年（621年）正式颁布东舆衣服之令，对皇帝、皇后、群臣、命妇、士庶等的服装作出了详细的规定，衣冠制度正式确立。

　　服饰所反映的等级及社会身份，一来体现在服饰制度上。具体来说，不同等级、不同阶层的人，其服饰形制有严格的区分，目的在于尊贵而尚贤，使社会上下有序，教化得以推行，社会得以治理。如《周礼·春官·司服》中所说："王之吉服：祀昊天、上帝，则服大裘而冕，祀五帝亦如之；享先王则衮冕；享先公飨射则鷩冕；祀四望、山川则毳冕；祭社稷、五祀则希冕；祭群小祀则玄冕。"二来表现在服饰的质地上。历代王朝在服饰礼制方面都十分用心，不仅对百官服饰进行了严格的规定，甚至对民间服饰也作出了限定。在封建社会，百姓只能穿本色的麻布衣。"布衣"也因之成为普通人的代名词。三来表现在服饰的纹饰上。纹饰以一种"标识"的特有形式体现着封建礼制的等级制度和人们的社会身份。古代服饰的纹样大体分为珍禽瑞兽、花鸟虫鱼、山水人物以及几何纹样等几大类。珍禽瑞兽主要是指珍贵奇异的鸟类和瑞兽，如鸳鸯纹、仙鹤纹、锦鸡纹、斗牛纹、飞鱼纹和麒麟纹等。在宋、清时期的官员补子纹样中，文官绣飞禽纹样，如一品文官着仙鹤纹的补子；武官绣猛兽纹样，如七品武官着犀牛纹的补子。此外，明代还有锦衣卫的蟒衣、飞鱼服、斗牛服和麒麟服等。四来表现在服饰的色彩上。当红、黄、绿等色彩附丽于等级社会时，服饰的色彩也就成为地位和身份的象征。如朱、紫原本就是单纯的色彩，但在中国古代社会却具有尊卑贵贱之别。《论语·阳货》中记载，孔子曾说"恶紫之夺朱也"，这是因为朱是正色，而紫是杂色。这

　　① （宋）范晔：《后汉书·显宗孝明帝纪》引徐广《车服注》，第101页。
　　② （宋）范晔：《后汉书·舆服志下》，第2677页。
　　③ （唐）房玄龄：《晋书·舆服志》，第772页。

里，朱、紫具有标识正统与异端的功能。后世以"朱门"一词指代贵族豪富之家。历史上几乎每个朝代都对服饰的颜色作过规定。如秦汉巾帻之色，规定"庶民为黑，车夫为红，丧服为白，轿夫为黄，厨人为绿，官奴、农人为青"①。清代曾对黄色的使用作过专门的规定，皇太子用杏黄色，皇子用金黄色，其他诸王及各级官员未经赏赐是绝对不能服黄的。

尽管古代服饰所反映的等级制度和礼仪规范，在现代社会中无更多可取之意义，但其所反映出的秩序性内容以及人际交往中必须注意的着装规范，却依然为后人提供了一定的借鉴。

二、传统服饰与社会礼仪

服饰既是个人审美与社会地位的体现，也反映社会礼仪及社会秩序的一种约束性。《礼记·哀公问》曰："民之所由生，礼为大。非礼无以节事天地之神也，非礼无以辨君臣、上下、长幼之位也，非礼无以别男女、父子、兄弟之亲，昏姻、疏数之交也。"可见，着装绝不是个人随心所欲的日常之事，而是"礼"的一部分。因此，着装要与身份、场合等相适宜，甚至佩饰品也有严格的规范。例如，如果父母健在，儿女是不能穿纯白色的衣服的，正如《礼记·郊特牲》所云"父母在，冠衣不纯素"等。《晏子春秋·内篇杂上》中记载过这样一则故事：有一次，齐景公喝多了酒，衣冠不整、披头散发地从宫门乘车而出。此时，受过刖刑的守门人却不顾自己卑贱的身份，拦住他的马车，让其返回宫内，并且说："你这个样子不像我们的君主啊！"齐景公惭愧难当，立即返回宫门，次日还因为此事不敢上朝议事了。此事在一定程度上说明古人对服饰礼仪的重视与恪守。事实上，直到今日，衣冠不整地出席各种场合仍会被看作非礼的行为。当人们赋予服饰

---

① 华梅：《中国服装史》，天津人民美术出版社 1989 年版，第 22 页。

以审美和社会规范意义的时候，服饰与人已经合为一体。这使得人们在日常生活之中有了着装之礼，服饰本身也具有了某种特殊之意蕴。

在人们的日常生活中，多种礼仪与着装有关。以下列举之。

冠礼 《礼记·冠义》记载："冠者，礼之始也。"冠礼表示男青年至一定年龄，性已经成熟，可以婚嫁，参加各项社会活动了。《礼记·内则》把一个人的生命划分为不同的阶段，每个阶段都有相应的任务。"二十而冠，始学礼"，即到了20岁，就应该开始学习并践行礼仪。一个孩童经过冠礼的教育和启示，获得新的思想导引和行为规约。

儒家将冠礼定位为"礼仪之始"，给了它极高的文化地位。一个人如果未行冠礼，那么他就没有相应的权利。如据《史记·始皇本纪》载，秦王嬴政13岁即秦王之位，直到9年后，也就是22岁时，才"冠，带剑"，开始亲政。不仅帝王如此，一般的士人如果没有行冠礼，也不能担任重要的官职。据《后汉书·周防传》记载，光武帝刘秀巡狩汝南时，"召掾史试经，防尤能诵读，拜为守丞。防以未冠，谒去"。可见，冠礼在男子的一生中具有特殊的意义。

婚服之礼 古代的婚姻礼仪指从议婚至完婚的六种礼节，即纳采、问名、纳吉、纳征、请期、亲迎。这一娶亲程式，周代即已确立，最早见于《礼记·昏义》。以后各代大多沿袭周礼，只是名目和内容有所更动。

传统婚服在各个朝代、各个时期是有所差异的。西周时期，婚服正式出现。几千年来,中国古代的婚服制式主要有三种，分别是"爵弁玄端——纯衣纁袡""梁冠礼服——钗钿礼衣"和"九品官服——凤冠霞帔"。新郎的婚服是"爵弁玄端"，头戴爵弁，穿玄黑色上衣，配纁红色下裳，脚穿纁履。新娘的婚服称为"纯衣纁袡"，即纁红色衣缘的玄黑色深衣。《仪礼·士昏礼》："女次，纯衣纁袡，立于房中，南面。"纯，郑玄注为"丝衣"。"纁袡"即衣边。自西周始，官员和贵族皇亲都要严格遵守这种婚姻服制，并一直延续到南北朝。

至唐代,婚服兼有前世的庄重和后世的喜庆。新郎着梁冠（即通天冠）礼服，

身穿绛红色大袖深衣或者圆领大袖衫。新娘着钗钿礼衣。钗钿礼衣是在宫廷命妇礼服的基础上形成的，钗钿是用金银、琉璃等制作的头饰，有着品级的含义，礼衣为青色，层数繁多，穿着时层层压叠，再在外面套上宽大的上衣。唐代婚服，男穿绯红，女穿青绿，所谓"红男绿女"即由此而来。

唐代以后，繁复的钗钿礼衣有所简化。到了明代，普通百姓结婚时，男子可穿九品官服，长衫马褂，头戴红帽；女子可穿命妇衣装，身着蟒袍，腰围玉带，凤冠霞帔。《续通典》记载："则曰庶人婚嫁，但得假用九品服。妇服花钗大袖，所谓凤冠霞帔，于典制实无明文也。至国朝，汉族尚沿用之，无论品官士庶，其子弟结婚时，新妇必用凤冠霞帔，以表示其为妻而非妾也。"①

清代有所谓"降男不降女"的规定，即汉族男子必须穿清朝服装，女子则相对宽松，可以继续穿明朝服装。因此，从清代至民国初年，婚嫁之时，汉族男子需身穿青色长袍，外罩绀色（黑中透红）马褂，头戴暖帽并配赤金色花饰，身披红帛；汉族女子可身穿红地绣花的祆裙（满族女子着旗袍），外面再穿命妇专用的背心式霞帔，头上簪红花，拜堂时蒙红色盖头。

着裙之礼　裙子是生活中一种最常见的服饰，本是从裳演变而来的。古代布帛门幅狭窄，一条裙子通常由多幅布帛拼制而成。妇女穿着裙装也有一定的规范，且表现出一定的礼仪。宫廷尚且不说，仅就民间而言，裙装不仅展现了女性的美，其裙幅的多少在一定程度上也决定了妇女的庄重程度。李渔在《闲情偶寄·声容部》中写道："裙制之精粗，惟视折纹之多寡。折多则行走自如，无缠身碍足之患，折少则往来局促，有拘挛桎梏之形；折多则湘纹易动，无风亦似飘遥，折少则胶柱难移，有态亦同木强。故衣服之料，他或可省，裙幅必不可省。"又说："妇人之异于男子，全在下体。男子生而愿为之有室，其所以为室者，只有几希之间耳。掩藏秘器，爱护家珍，全在罗裙几幅。"

① （清）徐珂：《清稗类钞》第13册，中华书局2005年版，第6169页。

约定俗成，民间对裙子的颜色也有要求。如民国时期的作家包天笑在《衣食住行的百年变迁》一文中就说："红裙子要夫妇双全才可以穿。若是一个孀妇，不许穿红裙，而且永远不许穿红裙。如果应穿礼服的时候，青年少妇可以改穿别种颜色的裙子，浅碧淡青，各随所好，但总觉得不快于心。"[1]如若人们在某一场合穿了颜色和款式不适合的裙装等服饰，都被视为失礼之举。

在传统社会中，穿什么款式、颜色的衣服，不仅是社会身份、地位、经济能力的体现，更是一个人修养的反映。着衣，既反映了外在的规范，也反映了内在的素养；它是一种约束，同时也是一种自由。

三、传统服饰与审美趋向

不同类型的传统服饰都具有独特性，是一个个沿着时间轴发展的、流动着的、有着鲜明的时代性、民族性、地域性、风俗性和艺术表现性的综合文化载体。同时，它们又具有相对的稳定性和代表性，共同遵守着中华传统审美的共性，蕴含着丰富的服饰审美语言。

1."天人合一"的审美趋向

儒家"天人合一"的思想是中国传统文化的精髓，它强调人与自然的和谐统一。这一思想奠定了中国服饰的哲学基础。中国人的着装不仅讲究与季节、环境相适应，而且衣饰质地和剪裁手法等也要符合"自然"之道，体现天人和谐统一。这与西方服饰突显个性张扬的人体美是很不同的。所以，在外在形式上，传统服饰往往表现为一种程式化的宽体样式、平面化的剪裁方式和寓意较强的图案装饰。如服饰文化中的冠履，就充分体现了"天冠地履""戴圆履方"的精神，深衣中的"圆袼方"与"天圆地方"观念相符，"玄衣纁裳"与"天地玄黄"

---

① 包天笑：《衣食住行的百年变迁》，大华出版社1974年版，第38页。

相应和。从审美的角度来看，服装的风格和穿衣者的精神气质都要与客观世界融为一体，以达到三者的和谐统一。

2."阴阳之美"的自然之道

中国传统服饰就色泽而言，明显地受到阴阳五行学说的影响。据五行学说，青、红、黑、白、黄五色是正色，其中黄色最为尊贵，因此，传统服饰制度规定黄色为天子朝服的色泽。这五色又与季节、方位相配合，不同时令、不同方位都会有与之相应的颜色。而天子作为天下一统的象征，其服装颜色也按季节的不同而变换，具体来说，孟春穿青色，孟夏穿赤色，季夏穿黄色，孟秋穿白色，孟冬穿黑色。除了正色以外，还有介于五色之间的杂色，是平民服饰的色彩。在传统的信仰中孕育出传统服饰的底色，并代代传袭。

任何违背阴阳之美的服饰形式都被视为奇装异服，并受到排斥和谴责。《汉书·五行志》曾对此作过这样的评价："风俗狂慢，变节易度，则为剽轻奇怪之服，故有服妖。"所谓"变节易度"，就是随意改变礼制节文，超越了礼的尺度，这种行为在阴阳五行家那里被视为不祥之兆。

3."褒衣大袖"的审美情趣

鲁迅先生曾言，"峨冠博带""宽衣大袖"是汉代服饰的特点。[1]《汉书·朱博传》中亦称：功曹官属多着"褒衣大袑"。这里的"褒衣"即为"宽衣"。传统汉服不但长及足踝，"遮身蔽体"，而且还上下连属。这是一种东方式的含蓄，服装与人体之间往往保持着一个宽大的空间，正因为有了这样一个空间，才能在遮体的隐约之中含蓄地显现流畅、婉约的人体曲线，从而给人们留有发挥想象力的余地，同时也会产生威重的气势。在一定程度上，"宽衣博带"包裹之下的意象美，含蓄而富有韵味。

---

① 参见鲁迅：《对于左翼作家联盟的意见——三月二日在左翼作家联盟成立大会讲》，《鲁迅杂文全集》（下），中国言实出版社2014年版，第455页。

4."兼容并蓄"的审美意象

尽管受儒家思想的影响，宽衣博带是传统服饰的主要特点，但在某些历史时期，也有一些服饰跳脱出传统服饰文化的窠臼，张扬着时代的个性。魏晋时期，占统治地位的两汉经学崩溃，既烦琐荒唐又无学术价值的谶纬和经术，在时代动乱和农民革命的冲击下终于垮台，文化思想领域比较自由开放，玄学的兴盛激发了文人的热情。文人意欲进贤又怯于宦海沉浮，只得自我超脱，除沉迷于酒乐之外，便在服饰上寻找突破。士人们认为天地万物以无为本，强调返璞归真，一任自然。竹林七贤主张"道家的自然主义思想，抨击虚伪的儒家名教"①，表现在装束上则是袒胸露臂，披发跣足，以示不拘礼法。

如果说魏晋南北朝时期"褒衣博带"是一种内在精神的释放，那么唐代的服饰则是对美的大胆追求。唐代服饰重装饰，色彩华丽，具有文化上的兼容与积极向上的精神。"惯束罗裙半露胸"，这是中国古代装束中最为大胆的一种，足见唐人思想开放的程度。但到唐代后期，经济和文化由盛转衰，佛教盛行，因此"原来那种朝气蓬勃、奋发向上的热情，渐渐被老成持重、忧患重重的顾虑所取代；先前那种能动的对外在物质世界的探索与开拓精神，渐渐转变为受动的对内在精神世界的感受与体验。从而使审美中那种大刀阔斧、直率奔放的阳刚之气，便不得不让位于纤柔细腻、含蓄朦胧的阴柔之韵"②。

不同的历史时期、不同的民族背景产生了不同的审美，而不同的文化传统和审美要求又决定了各民族服饰的款式、颜色、装饰等的不同。当然，服饰的民族审美特性也不是一成不变的。中国历来就是一个统一的多民族的国家，千百年来，各民族间经济文化的交往非常密切，各民族的传统服饰随之相互影响。从整体来看，中国传统服饰的审美有以下几个特性：

---

① 彭付芝主编：《中国传统文化概论》，北京航空航天大学出版社 2007 年版，第 28 页。
② 转引自周来祥主编：《东方审美文化研究》，广西师范大学出版社 1997 年版，第 368 页。

第一，传承性。中国服饰的发展与完备是一个历史的过程。在古代漫长的岁月里，汉服代代相传，世世因袭，从而体现出历史发展的传承性。在长期的传承中，汉服不断发展、变化，逐渐成熟、完备。这种成熟不仅表现在形制上，还表现在它处处体现着传统文化，与传统文化已融为一体，从而具有强烈的文化象征意义。

第二，多样性与同一性。汉服由远古而来，在几千年的文明发展史上，既有对前代的因袭，也有对时代的变革，其间所形成的丰富的款式，如"上衣下裳""深衣""襦裙"等，体现了作为一种悠久的民族服饰应有的多样性。虽然汉服款式丰富，但基本形制却是交领、右衽，不用扣子，而用绳带系结，几千年来基本不变，表现出在动态变化中的同一性。

第三，民族性。华夏服装是以汉服为主流的。所谓汉服，简单地说就是汉族的服饰，它是在长期的历史发展过程中形成的具有独特的形制和文化背景以及民族风貌的一种独立的服饰体系。

四、传统服饰与文化交流

中国传统服饰本身就是一种文化，也是一种文化交流的载体，在民族间的交融及国家间的交流中起着桥梁和纽带的作用。这种交融、交流是双向的：既有汉族文化对少数民族的影响以及中国传统服饰文化对其他国家、民族的影响，也有其他国家及民族的服饰文化对中国服饰的影响。

汉服对于少数民族的影响是巨大的。少数民族在对待汉服上主要持以下两种态度：

一种是积极学习汉服，如北魏孝文帝的服饰改革。鲜卑族本是我国历史上

一个偏居一隅的古老民族，拓跋部是鲜卑族活动在大兴安岭北端东麓一带的一个分支。其于439年统一了北方。北魏历代君主都很重视汉文化的学习，孝文帝更是其中高屋建瓴的帝王，他认为要巩固魏朝的统治，就必须学习、吸收中原的文化，改革本民族的一些落后风俗，穿汉服即是其政策之一。鲜卑统治者接受了汉族先进的文化制度，大大加速了北魏政权的封建化进程。他的这一举措对北魏社会政治生活乃至整个中国历史都产生了深远的影响。

一种是抵制汉服。一般说来，少数民族建立的政权多少都有抵制汉服的倾向。如清朝建立后，为了防止被汉化，清初统治者就曾数次下令，强制汉人剃发，企图通过强制手段，阻挡满汉民族服饰文化的交流与融合。这一做法违背了社会发展的潮流，最终以失败而告终。满族传统的紧身窄袖的服装样式，由于适合征战且便于活动，具有较强的实用性而被保留并沿袭下来。与此同时，它也吸收了历代汉族传统衣冠的纹饰，继承了明代冠服的某些典章制度。

在发展过程中，中国传统服饰也大量吸收了少数民族的服饰文化元素，成就了服装的多元化。在历次"吸收"的过程中，最为著名的是发生在战国时期的"胡服骑射"。据《史记·赵世家》记载，战国时期，燕、赵等国修造了长城以防御北方各族的入侵，北方民族的骑战之法也在此时传入中原。为了增强国防实力，赵国的武灵王决心发展骑兵。但是，当时军队士卒都穿着宽襦大裳，显然不利于骑射。于是，赵武灵王决定借鉴胡服的样式进行服装改革，遂"将胡服骑射以教百姓"，这就是历史上有名的"胡服骑射"。胡服主要由短衣、长裤、靴子构成，适合骑马征战。公元前302年，赵武灵王又下令将军、大夫、戍吏都要穿胡服。引进"胡服骑射"后，赵国的军事实力大为增强，成为当时关东各国中能与秦较量的少数国家之一。胡服也影响到当时的中原诸国，在汉族中得以推广。

　　自汉魏以来，汉族男子习惯着靴。着靴本是北方游牧民族的习俗，后来逐渐在汉族中得到普及。至隋代，帝王、臣民都着短勒黑皮靴；唐代则将短勒靴改为长勒靴，并在里面衬上靴毡，应用十分普遍。宋代沈括曾在《梦溪笔谈》中感叹："中国衣冠，自北齐以来乃全用胡服。窄袖、绯绿短衣，长勒靴、有蹀躞带，皆胡服也。"毋庸置疑，胡服作为民族间服饰文化交流融合的一种媒介，曾经在中国民族服饰设计史上发挥过重要的作用。

　　中国是东亚文明的中心。作为礼仪之邦和衣冠上国，中国的服饰文化也深深地影响着日本和韩国。以大襟、右衽、交领、博衣、裹带为特点的汉服，奠定了今天和服与韩服的款式基础。和服主要从唐代江浙一带的吴服发展而来；韩服在一定程度上类似于明代的服装。《三国志·魏志·倭人传》记载，用布一幅，中穿一洞，头贯其中，毋须量体裁衣。其中可见和服的影子。719 年，日本天皇下诏，全国百姓皆可穿唐服。自此，唐服就在日本扎根落户，并最终演变成了和服。在唐代，丝绸销往日本后，受到日本朝野各种人士的喜爱，被称为"唐绫"。7 ～ 8 世纪，日本开始仿制唐绫，制造了大量以唐绫为材质的服装。

　　除了相邻的国家，中国传统的服饰也影响到了西方。中国的丝织品自古以来就闻名海内外，并输入其他国家，成为重要的商品之一。汉代张骞出使西域，初步打通了东西方商贸之路，中国的丝绸以商品的形式源源不断地被运往西域、中亚细亚、印度及欧洲等国家和地区。由于路途遥远、运输困难，丝绸一般都很昂贵，西域及西欧一些国家就想尽办法将丝绸的原材料——蚕子和桑树运回国内，并派人到中国江浙一带学习养蚕和缫丝技术，还学会了织锦。552 年，正值南北朝时期梁朝末年，中国的养蚕缫丝技术便传入东罗马帝国，自此西方开始大量生产与丝绸相关的服饰。

　　不管是"胡服骑射""隋唐胡风""西服东渐"中汉族对其他民族服饰的主

动吸收,还是"断发易服"中少数民族对汉族服饰的被动接受,人们将礼制、礼仪、审美情趣、文化交流等内涵寄托在罗衣飘飘、玉佩朱环中。在蔽体、示美等功能之外,在典雅与绮丽之间,在简约与繁复之中,华夏衣冠美化着我们的形貌,丰富着我们的精神家园,积淀成文明的长河。

主要参考书目

1. 林语堂：《生活的艺术》，五洲书报社 1941 年版。

2. 周纬：《中国兵器史稿》，三联书店 1957 年版。

3. 周锡保：《中国古代服饰史》，中国戏剧出版社 1984 年版。

4. 邓云乡：《燕京乡土记》，上海文化出版社 1986 年版。

5. 华梅：《中国服装史》，天津人民美术出版社 1989 年版。

6. 叶大兵、乌丙安：《中国风俗辞典》，上海辞书出版社 1990 年版。

7. 李云：《发饰与风俗》，上海文化出版社 1997 年版。

8. 车吉心：《中华野史·先秦至隋朝卷》，泰山出版社 2000 年版。

9. 宋绍华、孙杰：《服装概论》，中国纺织出版社 2000 年版。

10. 吕思勉：《中国制度史》，上海世纪出版集团 2002 年版。

11. 沈从文：《沈从文全集·物质文化史》，北岳文艺出版社 2002 年版。

12. 沈从文：《中国古代服饰研究》，上海书店出版社 2002 年版。

13. 吴凌云：《红妆：女性的古典》，中华书局 2005 年版。

15. 王冬芳：《明清史考异》，燕山出版社 2010 年版。

15. 张仲谋：《非物质文化遗产传承研究》，文化艺术出版社 2010 年版。

16. 孙机：《中国古舆服论丛》，上海古籍出版社 2013 年版。

17. 张亮采：《中国风俗史》，中国文史出版社 2015 年版。

18. ［德］赫尔曼·施赖贝尔：《羞耻心的文化史》，辛进译，三联书店 1988 年版。

衣冠楚楚
中国传统服饰文化

19.［美］玛里琳·霍恩：《服饰：人的第二皮肤》，乐竟泓等译，上海人民出版社 1991 年版。

20.［美］伊丽莎白·赫洛克：《服饰心理学——兼论赶时髦及其动机》，孔凡军等译，中国人民大学出版社 1999 年版。

21.［葡］伯来拉等：《海外中国报告南明行纪》，何高济译，中国工人出版社 2000 年版。

图书在版编目（CIP）数据

衣冠楚楚：中国传统服饰文化 / 吴欣著．
—济南：山东大学出版社，2017.10
（中国文化四季 / 马新主编）
ISBN 978-7-5607-5736-0

Ⅰ．①衣… Ⅱ．①吴… Ⅲ．①服饰文化—介绍—
中国 Ⅳ．① TS941.12

中国版本图书馆CIP数据核字（2017）第198823号

特约编辑：马德青
责任编辑：马银川
装帧设计：牛　钧

出版发行：山东大学出版社
社址：山东省济南市山大南路 20 号
邮编：250100
电话：市场部（0531）88364466
经销：山东省新华书店
印刷：山东华鑫天成印刷有限公司
规格：787 毫米 ×1092 毫米　1/16
　　　14.75 印张　203 千字
版次：2017 年 10 月第 1 版
印次：2017 年 10 月第 1 次印刷
定价：37.00 元